Manfred Eigen · Stufen zum Leben

Manfred Eigen

STUFEN ZUM LEBEN

Die frühe Evolution
im Visier der Molekularbiologie

Mit 50 Abbildungen

Piper
München Zürich

Die den zehn Kapiteln vorangestellten Zitate sind sämtlich dem Roman »Der Zauberberg« von Thomas Mann entnommen.
Gestaltung der Tafeln und Bilder:
Ruthild Winkler-Oswatitsch
Ausführung der Zeichnungen: Reinhold Henkel, Rüdiger Himmelhan, Jörg Kühn, Uta Pallmert, Albrecht Rissler

ISBN 3-492-03169-2

Gesetzt aus der Garamond-Antiqua
Gesamtherstellung: Kösel, Kempten
Printed in Germany

Inhalt

Vorwort

Der Titel dieses Buches läßt sich auf zweierlei Weise deuten. Zunächst einmal könnten die Stufen gemeint sein, über die die Evolution bis zur ersten Plattform des Lebens aufstieg. Für den Biologen ist das die Zelle, die kleinste Einheit autonomen Lebens, mithin ein Vorläufer der heute existierenden einzelligen Mikroorganismen. Fossile Funde belegen, daß diese erste Etappe des Lebens vor mehr als drei Milliarden Jahren bereits zurückgelegt war. Die präzelluläre Phase, für die auf unserem Planeten maximal eine Milliarde Jahre Zeit zur Verfügung stand, war überreich an Erfindungen und Innovationen. Nicht minder verschwenderisch war die Natur in der jüngeren Geschichte, innerhalb der letzten knapp eine Milliarde Jahre, in denen sich ein üppiger Erntesegen aus dem Füllhorn der Evolution über die Erde ergoß. Kontinuität der Evolution beinhaltet keineswegs einen gleichförmig zeitlichen Verlauf. Veränderungen bereiten sich allmählich vor, kommen dann plötzlich zum Durchbruch und heben die Entwicklung auf ein neues Niveau. Es gibt also eine graduelle, wie auch eine punktuelle, beinahe sprunghafte Abwandlung, in der eine gelungene Anpassung, oft gar ein neu erschlossenes Prinzip zum Ausdruck kommt.

Damit sind wir bei der zweiten möglichen Interpretation des Titels: Stufen, über die wir zu einem Verständnis des Lebensprozesses emporsteigen. Unsere Einsicht vollzieht sich ebenfalls in Stufen, in groben wie in feinen Dimensionen. Dieser Aspekt ist das eigentliche Hauptanliegen des Buches, nämlich: Die Prinzipien der Evolution klar und anschaulich zu machen und sie in ein einheitliches physikalisches Weltbild einzugliedern.

Die Molekularbiologie, in der Mitte dieses Jahrhunderts aus Biochemie und Molekülstrukturforschung hervorgegangen, hat in ihrer kurzen Geschichte einen ungeahnten Aufschwung genommen. Es ist berechtigt, von einem Zeitalter der Molekularbiologie zu sprechen. An exzellenten Darstellungen dieses modernen Fachgebietes mit all seinen Erkenntnissen und Einblicken in biologische Strukturen und Reaktionsmechanismen mangelt es nicht. Allein was fehlt, ist die Einordnung des neuen Wissens in ein allgemeines Naturverständnis.

Ein solcher Versuch wurde bislang nur einmal unternommen, von Jacques Monod. Es war ein faszinierender, ein grandioser Versuch, der auch vor den weltanschaulichen Konsequenzen nicht haltmachte. Er gipfelte in der Apotheose des Zufalls. Leben ist nach Monod nicht anders als existentiell zu begreifen. Es ist zwar vereinbar mit den Naturgesetzen, aber es ist aus diesen nicht abzuleiten. Es ist reine Schöpfung aus dem Nichts des Zufalls, nicht Offenbarung eines naturgesetzlichen Plans. Stellte sich wirklich heraus, daß allein »der reine Zufall, nichts als der Zufall, die absolute blinde Freiheit die Grundlage des wunderbaren Gebäudes der Evolution« bildete, so wäre dieses Buch überflüssig. Es bliebe uns nichts, als Fakten und Daten, Strukturen und Mechanismen schlicht zu referieren. Die Biologie erwiese sich damit als eine Enklave des Existentialismus im Weltgebäude der Physik.

Dieses Buch knüpft an Monod an, dessen klare Sprache so manches ins rechte Licht gerückt hat. Doch verharrt es nicht bei der Proklamation der Allmacht des Zufalls, der in der Physik schon seit Maxwell und Boltzmann auf der mikroskopischen Ebene regiert.

In seiner Antrittsrede an der Universität Zürich im Dezember 1922 hatte Erwin Schrödinger festgestellt: »Die physikalische Forschung hat klipp und klar bewiesen, daß zum mindesten für die erdrückende Mehrheit der Erscheinungsabläufe, deren Regelmäßigkeit und Beständigkeit zur Aufstellung des Postulats der allgemeinen Kausalität geführt haben, die gemeinsame Wurzel der beobachteten strengen Gesetzmäßigkeit – der *Zufall* ist.« Das waren Jahre, bevor die Unschärferelation der Quantenmechanik den Zufall in den Grundlagen der Physik verankerte. In der Biologie bildet sich der Zufall sogar auf der makroskopischen Ebene ab: Selektion bedeutet die Auslese, autokatalytische Verstärkung und Sichtbarmachung einzelner dem Zufall unterworfener Elementarereignisse. Nichtdestoweniger kommen auch dabei Gesetzmäßigkeiten ins Spiel, die sich in den typisch biologischen Phänomenen ebenso widerspiegeln, wie dies bei den klassisch physikalischen Erscheinungen der Fall ist.

Die hier vorgetragenen Argumente stützen sich auf exakte mathematische Modelle *und* auf experimentelle Studien am biologischen Objekt. Das Buch will neue Erkenntnisse *vermitteln*. So ist der Anlaß ein ähnlicher wie für Charles Darwin, als er sein Werk »The Origin of Species« der Öffentlichkeit vorlegte. Darwins Konzept wird bejaht, wie auch die Rolle des Zufalls akzeptiert wird. Die Auslegung dieser Rolle weicht indes von den derzeit in der Biologie verbreiteten Vorstellungen ab.

Ausgangspunkt der Betrachtungen ist die 1953 veröffentlichte epochale Entdeckung von Francis Crick und James Watson, die den Beginn der Ära der Molekularbiologie markiert. In diesem Zusammenhang ist nicht so sehr die auf Röntgendaten basierende Festlegung der Struktur der Desoxyribonucleinsäure gemeint, sondern die Erkenntnis, daß DNA *das* Erbmolekül ist und seine Struktur den Schlüssel zum Verständnis des molekularen Mechanismus der Vererbung in sich birgt. Der lang gesuchte Übergang von der Chemie zur Biologie war gefunden. DNA per se ist eine chemische Substanz, doch sie ist mehr als bloß ein großes Molekül. DNA ist – vermöge ihrer chemischen Natur – ein

Speicher für Information. Diese über die Chemie hinausführende Eigenschaft ist es, die alles weitere Geschehen in der Biologie prägt. Davon wird im einzelnen die Rede sein, wenngleich dieses Buch sich nicht als eine Einführung in die Molekularbiologie versteht. Ebensowenig besteht die Absicht, die Evolution in ihrer Gesamtheit zu beschreiben. Im Vordergrund der Darstellung steht *ein* Akt dieses grandiosen Schauspiels, und zwar der Zeitabschnitt »von der DNA bis zur ersten Zelle«, jene Ära, in der sich die Wandlung von Nicht-Leben zu Leben vollzog. Zehn Kapitel sind diesem »Tag« der Schöpfung, der vielleicht fünfhundert Millionen Jahre währte, gewidmet. Jedem Kapitel ist ein Zitat aus dem Roman »Der Zauberberg« von Thomas Mann vorangestellt*. Der »Zauberberg« ist im Jahre 1924 erschienen, also zu einer Zeit, als der Begriff Molekularbiologie noch gar nicht existierte. Was für eine Bewandtnis hat es mit diesen Zitaten?

Man wird aus der hier gewählten, verdichteten Zusammenstellung – vielleicht mehr als beim Studium des Kapitels »Forschungen« im »Zauberberg« – den Eindruck gewinnen, daß Thomas Mann sich offensichtlich intensiv mit *der* Frage auseinandergesetzt hat, die auch das zentrale Thema dieses Buches bildet. Es geht um die Wandlung von »jener Natur, die nicht einmal verdiente, tot genannt zu werden, weil sie unorganisch war«, in die »einfachsten Erscheinungen des Lebens«, bei denen nichts mehr »unvermittelt oder nur schlecht vermittelt« ist. Und dem Leser wird auffallen, daß Thomas Manns Reflexionen über das Leben mehr als einen schöngeistig literarischen Kontrapunkt zum Fazit dieses Buches darstellen.

Thomas Mann fragt in der Person Hans Castorps, den er den lebenden Organismus sukzessive unterteilen läßt, schließlich nach den kleinsten Lebenseinheiten unterhalb der Lebenseinheit der Zelle. »Das waren die Gene(n)!« Wie aber

* Th. Mann, »Der Zauberberg«, S. Fischer, Frankfurt, 1924.

ist es um ihre »Elementarnatur« bestellt? Wie sehen diese bei »abermals verbesserter Beleuchtung« aus? Thomas Mann kommt zu dem Schluß, daß die Gene keineswegs *elementare* Strukturen im Sinne der Chemie sein können, sondern abermals zusammengesetzt sein müssen. Er baut – im Sinne Hegelscher Dialektik – einen Widerspruch auf, stellt der These: »Elementareinheiten des Lebens (Gene) müssen selber bereits als Lebensordnung organisiert sein«, die Antithese entgegen: »Dann können sie nicht elementar sein, denn Leben« – und alles, was für das Leben charakteristisch ist – »beruht auf Organisation«. Er löst den Widerspruch durch Synthese auf: »Wenn dem aber so war, so mußten sie (die Gene), obgleich über alle Begriffe klein, selber ›aufgebaut‹, und zwar organisch als Lebensordnung ›aufgebaut‹ sein«, und er sagt auch woraus, aus »Molekülgruppen, den Übergang bildend zwischen Lebensordnung und bloßer Chemie«.

Das alles schrieb Thomas Mann, wie wir aus seinen Tagebüchern entnehmen, im Jahre 1920*. Seit 1953 wissen wir, wie die Gene aufgebaut sind und daß sich in ihnen der Übergang von lebloser Materie zum Bauplan des Lebens vollzieht. Die Untereinheiten der Gene sind im Sinne der Chemie »elementar«, Molekülgruppen, chemische Einheiten. Erst ihre Zusammenfügung im DNA-Molekül ergibt eine neuartige, für das Leben spezifische Qualität: *Information.* Die DNA ist in der Tat mit den hervorstechendsten Eigenschaften des Lebens begabt. Sie hat ein Gedächtnis, kann sich reproduzieren, kann mutieren und sich demzufolge evolutiv anpassen, und sie wird kraft des Stoffwechsels der Zelle gehindert, in den chemischen Gleichgewichtszustand, einen Zustand, der Leben ausschließt, abzusinken. Thomas Mann sagt von dieser kleinsten Lebenseinheit, »deren Größe tief unter der Grenze des mikroskopisch Sichtbaren lag«, daß sie

* Thomas Mann, Tagebücher 1918–1921 (herausgegeben von Peter de Mendelssohn), S. Fischer, Frankfurt, 1979.

selbsttätig wachsen, »nach dem Gesetz, daß jede nur ihresgleichen hervorbringen konnte«, und daß sie »die Fähigkeiten zur Assimilation« (= Anpassung) – allesamt typische »Eigenschaften des Lebens« – besäßen.

Einem modernen Lehrbuch der Molekularbiologie würde jedes dieser Zitate als Motto wohl anstehen.

Woher hatte Thomas Mann diese Einsichten, die rund dreißig Jahre ihrer Zeit vorauseilten? In seinem Tagebuch sind zwei Hinweise zu finden, und zwar unter dem 14. Juli 1920 die Eintragung: »Die ›Allgem. Biologie‹ von Hertwig kam«, sowie unter dem 8. August des gleichen Jahres: »Lese die Allgem. Biologie von Hertwig.« Zwischendurch beklagt er sich beim Lesen eines entliehenen Lehrbuches der Physiologie »über die Ratlosigkeit der Wissenschaft über den eigentlichen Lebensprozeß«. Offenbar fand er aber, was er suchte, in dem sehnlich erwarteten Werk von Oscar Hertwig. Dieser hatte als Forscher und Lehrer bedeutende Beiträge zur Biologie geleistet. Hertwig hatte als erster die Befruchtung am Seeigelei eingehend studiert (1875), die Chromosomenreduktion bei der Reifeteilung beobachtet (1890) und den Zellkern als Träger der Vererbung erkannt. Obwohl die »Kernsäure« bereits 1869 von Friedrich Miescher entdeckt worden war, konnte erst 1943 Oswald Theodore Avery den Beweis für die Bedeutung der Nucleinsäuren als Erbmaterial liefern. Oscar Hertwig gehörte zu den frühen Wegbereitern dieser Idee. In seinem Lehrbuch werden die Nucleinsäuren als die mutmaßlichen Träger des genetischen Gedächtnisses namentlich erwähnt. Als Haeckel-Schüler stand Hertwig dem Ideengut Darwins nahe, von dem er sich allerdings später entfernte. In Hertwigs »Allgemeine Biologie« findet man alle Fachausdrücke und Formulierungen, deren sich Thomas Mann bediente, einschließlich der Fehldeutungen, die Hertwig unterlaufen waren, etwa wenn er – in Abgrenzung zu Darwin und Haeckel – von der Vererbung *erworbener* Eigenschaften sprach. Überraschend ist, daß bei Hertwig die Formulierungen weniger prägnant ausfallen als bei Thomas Mann, dessen Sprachgenie sich nicht nur der dialektischen Aufbereitung des Sachverhaltes annahm, sondern dessen scharfsinniger Verstand diesen selbst auch ordnete und in einen durchsichtigen logischen Zusammenhang brachte. Bei Hertwig sind noch all die »wenn und aber« abweichender Meinungen mit aufgeführt, die Thomas Mann kurzerhand wegläßt. Und er brauchte für das Erarbeiten dieser komplizierten Materie weniger als drei Monate. Unter dem 30. September 1920 lesen wir in seinem Tagebuch: »Beendete gestern das biologische Kapitel.«

Doch jetzt zurück zum vorliegenden Buch: Es gliedert sich in drei voneinander relativ unabhängige Teile. Der erste Teil entstammt einem Artikel »Stufen zum Leben«, der Anfang 1986 in einer Festschrift* erschien. Er wurde von Ruthild Winkler-Oswatitsch redigiert und mit Abbildungen versehen. Die Bebilderung erforderte indes einen ergänzenden Text, der in sich verständlich sein sollte. So entstanden die 15 Tafeln, die nunmehr den zweiten Teil des Buches ausmachen, in denen wichtige Einzelprobleme aufgegriffen und in sich geschlossen abgehandelt werden. Die Tafeln können auch ohne Bezug zum ersten Teil konsultiert werden. Sie sind diesem äquivalent – nicht nur hinsichtlich ihres Gesamtumfangs –, sondern sie erweitern den Text, machen manches anschaulicher und gehen etwas mehr in die Tiefe. Ob man die Tafeln separat liest oder sie als erklärende Zugabe zu den im Text angeschnittenen Themen betrachtet, sei ganz dem Geschmack des Lesers anheimgestellt. Im dritten Teil ist das Resümee zu finden. Vielleicht sollte man – wie bei der Lektüre eines Kriminalromans – mit diesem letzten Teil, der zu einem Essay geriet, beginnen. Außerdem enthält der dritte Teil Anmerkungen, Literaturangaben, einen Epilog und ein

* Zeugen des Wissens (herausgegeben von Heinz Maier-Leibnitz), Verlag v. Hase und Koehler, Mainz, 1986.

Glossarium, das dem mit der molekularbiologischen Terminologie weniger vertrauten Leser Hilfestellung leisten möge. Auch die Anmerkungen lassen sich separat lesen. Man findet darin Skizzen zur Geschichte der Molekularbiologie.

Das vorliegende Buch wäre ohne die unermüdliche – aus gemeinsamer Autorenschaft bewährte – Mitarbeit von Ruthild Winkler-Oswatitsch nicht zustande gekommen. Mit sicherem Gespür hat sie sich der Gestaltung des Buches und der sprachlichen Ausfeilung des Textes angenommen. Glossar und Anmerkungen sind zu einem großen Teil ihr Werk. Für alle diese unschätzbare Hilfe möchte ich ihr an dieser Stelle herzlichst danken. Mein Dank gilt auch Edith Neumann, Ingeborg Lechten und Christina Schalt, die mit viel Geduld den handgeschriebenen Text und die zahllosen Korrekturen in lesbare Maschinenschrift verwandelten.

Göttingen, den 21. Juli 1987 Manfred Eigen

Teil I
»Was war das Leben?«
Thema mit Variationen

1. Leben ist historische Realität

»Was war das Leben? Man wußte es nicht. Es war sich seiner bewußt, unzweifelhaft, sobald es Leben war, aber es wußte nicht, was es sei.«

Wenn wir nach dem Ursprung des Lebens fragen, so müssen wir sehr wohl zwischen der – aufgrund von Naturgesetzen – prinzipiell *möglichen* und der geschichtlich *wirklichen* Abfolge von Ereignissen unterscheiden. Die Studienobjekte des Biologen sind die Lebewesen, in denen der historische Prozeß manifest geworden ist. Die Rekonstruktion des Evolutionsverlaufes ist auf historische Zeugnisse angewiesen. Soweit diese vorliegen, deuten sie auf einen gemeinsamen Ursprung allen Lebens hin. Auf den verschiedenen Stufen des Lebens offenbaren sich neben individueller Variabilität Übereinstimmung und Universalität der zugrunde liegenden physikalischen und chemischen Ordnungsprinzipien. Wir können diese Prinzipien nur erkennen, indem wir von der Wirklichkeit abstrahieren; denn die Physik befaßt sich nicht mit den Prozessen an sich, sondern allein mit den in den Prozessen wiederkehrenden Regelmäßigkeiten.

Ein Beispiel möge dies verdeutlichen: Wir sehen an einem schwülen Sommertag ein Gewitter heraufziehen und beobachten in den sich auftürmenden Wolkenhaufen die mannigfaltigsten und eigenartigsten Formen und Gebilde. Kein Physiker wäre in der Lage, irgendeine dieser Strukturen quantitativ vorherzusagen oder gar im Detail zu berechnen. Dennoch ist das zugrunde liegende Phänomen – die Kondensation von Wasserdampf in Abhängigkeit von Druck und Temperatur – vom physikalischen Standpunkt aus (nahezu) vollkommen verstanden. Es handelt sich um die Phasenumwandlung von einem gasförmigen in einen flüssigen Zustand mit ihrem

»Alles-oder-nichts«-Charakter, durch die das gestaltbildende Material der Wolken entsteht und schließlich von den Strömungen der erwärmten, aufsteigenden Luft modelliert wird.

Leben ist *nicht* eine der Materie schlechthin innewohnende Eigenschaft. Leben ist zwar an Materie geknüpft, erscheint aber nur unter sehr spezifischen Voraussetzungen und äußert sich dann in sehr vielfältigen und individuell charakteristischen Merkmalen. Es ist daher folgerichtig, die Frage nach der Natur des Lebens mit der Frage nach seiner Entstehung in Beziehung zu setzen. Das Prinzip Leben wird sich uns am ehesten erschließen, wenn wir herausfinden: Wie *kann* Leben entstehen? Dies ist eine Frage, die an den Physiker gerichtet ist, mag er sich als Biophysiker, Biochemiker oder Molekularbiologen bezeichnen. Wie Leben wirklich entstanden ist, kann hingegen allein vermittels historischer Zeugnisse (möglicherweise) geklärt werden. Obgleich der rein historische Aspekt uns in diesem Buch weniger interessieren wird, so soll er doch an den Anfang gestellt werden. Das wird uns helfen, den Begriff Leben zu präzisieren.

Die Nichtberücksichtigung der Unterschiedlichkeit beider Fragestellungen hat schon zu manchen Mißverständnissen geführt. Es gibt keine physikalische Theorie für die historische Lebenswerdung. Die Entstehung des Lebens muß als eine Kette von Ereignissen angesehen werden, deren detaillierte Abfolge weder rekonstruiert noch vorhergesagt werden kann. Gleichwohl hat sie sich unter dem steuernden Einfluß von Naturgesetzen vollzogen.

2. Läßt sich der historische Ursprung des Lebens rekonstruieren?

»Was war das Leben? Niemand wußte es. Niemand kannte den natürlichen Punkt, an dem es entsprang und sich entzündete. Nichts war unvermittelt oder nur schlecht vermittelt im Bereiche des Lebens von jenem Punkte an.«

Die Überschrift zu diesem Kapitel ist gleichbedeutend mit der Frage nach der Existenz von Zeugnissen für den historischen Ablauf der Lebensentstehung. Das Geschehen in den jüngeren Phasen der Evolution bezeugen Fossilien, die sich durch die geologische Zuordnung ihrer Fundorte datieren lassen. Die Methode der radioaktiven Altersbestimmung hat sowohl zu einer Präzisierung der Daten als auch zu einer Erweiterung des einer exakten Bestimmung zugänglichen Zeitbereiches verholfen.

Zur quantitativen Einordnung der Arten in einen Stammbaum bedarf es vor allem des sorgfältigen Vergleichs von Merkmalen. Diese allerdings werden um so spärlicher und schemenhafter, je weiter wir über das Kambrium, das vor etwa 600 Millionen Jahren begonnen hat, hinausgehen. Nur für die mehrzelligen Organismen, deren Differenzierung sich bis an die Grenze zwischen Kambrium und Präkambrium zurückverfolgen läßt, war es möglich, einen phylogenetischen Stammbaum zu erstellen[1]. Die Paläontologie hat darüber hinaus auch Beweise für die vorangehende Existenz einzelliger Lebewesen erbringen können, die bereits vor drei bis vier Milliarden Jahren die Erde bevölkerten, wobei allerdings lediglich das untere Limit des Abstandes zur Gegenwart als gesichert gilt[2]. Eine eindeutige Merkmalszuordnung ist aber bei diesen Funden kaum möglich, zumindest nicht in einem Maße, daß daraus phylogenetische Verzweigungen exakt bestimmbar wären.

Unser eigentliches Thema ist nicht so sehr die Entwicklung der Arten als vielmehr die mögliche Rekonstruktion ihres historischen *Ursprungs.* Dafür benötigen wir den Stammbaum gerade in bezug auf seine frühesten Knotenpunkte.

Ist das Vorhandensein eines Stammbaumes mit aufeinanderfolgenden Verzweigungen überhaupt als gesichert anzusehen? Die Klärung dieser Frage ist deshalb so wichtig, weil oft unterstellt wird, daß bei der Konstruktion von Stammbäumen von vornherein die Annahme einer konsekutiven Auffächerung zugrunde gelegt wird. In diesem Falle wäre die Folgerung der Existenz des Stammbaumes schlicht ein Zirkelschluß.

Die *Annahme* einer sukzessiven Auffächerung in der Phylogenie ist allerdings zwingend, wenn man voraussetzt, daß die Entwicklung der Arten tatsächlich evolutiv erfolgte und auf einen Vorläufer zurückgeführt werden kann. Für den *Nachweis* einer evolutiven Entwicklung muß man dagegen fordern, daß die konsekutive Verästelung als Ergebnis aus den Daten ableitbar ist. Sie muß dann klar von alternativen Verzweigungsmustern – zum Beispiel büschelartigen oder vernetzten – unterscheidbar sein. Wir suchen daher nach einem Verfahren, mit dessen Hilfe sich die Topologie der Verzweigung präzise bestimmen läßt.

Für eine quantitative Lösung dieses Problems hat sich eine Methode als geeignet erwiesen, die innerhalb der letzten zwei Jahrzehnte zur Anwendungsreife gelangte. Es handelt sich um die vergleichende Analyse von Protein- beziehungsweise Nucleinsäuresequenzen.

Seit den fünfziger Jahren wissen die Biologen, daß die Baupläne der Lebewesen – und damit auch aller von den Lebewesen benutzten und durch die Biosynthesemaschinerie der Zellen hergestellten molekularen Funktionseinheiten – in riesigen Kettenmolekülen, den Desoxyribonucleinsäuren (engl.: *d*eoxyribo*n*ucleic *a*cid = DNA), wie in Schriftsätzen niedergelegt sind. Den einzelnen DNA-Abschnitt, der für eine molekulare Funktionseinheit, ein Proteinmolekül, codiert, nennt man das Gen. Die Sequenz der Informationssymbole in den Nucleinsäuren wird in eine kollineare Abfolge der Bausteine des Proteinmoleküls übersetzt. Die exakte Bestimmung der Bausteinsequenz ermöglicht es, die genetische Information zu identifizieren.

Wie diese Sequenzanalyse ausgeführt wird – es ist ein relativ kompliziertes biochemisches Verfahren –, soll hier nicht im einzelnen dargelegt werden. Die Methode wird heute – vor allem für die Analyse der DNA – routinemäßig angewendet. In Verbindung mit der neuen Gentechnologie, die ein gezieltes Zerlegen der DNA in Genabschnitte erlaubt, lassen sich im Prinzip sämtliche Gensequenzen – und zwar für alle Lebewesen – entziffern und dokumentieren. So erleben wir in unserer Zeit die Entstehung einer ganz neuen Art von Bibliotheken: Genbibliotheken, deren Schriftsätze in einer international kommunizierenden Datenbank gespeichert sind[3].

Was liegt näher, als die Bestimmung von DNA-Sequenzen für eine quantitative Verwandtschaftsanalyse der verschiedenen biologischen Organismen heranzuziehen? Zu diesem Zweck vergleicht man die Sequenzen eines individuellen Gens in unterschiedlichen Evolutionsstufen Symbol für Symbol miteinander. Natürlich muß der Verwandtschaftsgrad der zu vergleichenden Organismen hinreichend sein, damit ein gemeinsames Leseraster zu erkennen ist. Jedes Paar von Sequenzen ist dann durch einen sogenannten Informationsabstand charakterisiert. Dieser ist gleich der Zahl der analogen – das heißt im Leseraster einander entsprechenden – Positionen, in denen beide Sequenzen nicht übereinstimmen, sondern mit verschiedenen Symbolen besetzt sind. Die Gesamtheit der Abstände für alle möglichen Sequenzpaare definiert einen Abstandsraum, dessen Topologie durch mathematische Verfahren objektiv ermittelt werden kann[4]. Es sei hier nur am Rande vermerkt, daß die mathematische Analyse weit über die Festlegung von bloßen Paarabständen hinausgeht und die positionsspezifische Verteilung innerhalb multipler Kombinationen von Sequenzen berücksichtigt (Tafel 1).

Wir unterscheiden für die Divergenz der Sequenzen im wesentlichen drei Topologien. Eine büschelartige Verzweigung ist immer dann zu erwarten, wenn die miteinander verglichenen Sequenzen *einen* Vorläufer besitzen, dessen Nachkommen sich unabhängig voneinander entwickelt und durch Akkumulation von Mutationen über viele Generationen hinweg *simultan* voneinander entfernt haben. Bei einer baumartigen Topologie ist die Auseinanderentwicklung dagegen *konsekutiv* erfolgt. Eine Sequenz spaltet sich zunächst in zwei Tochtersequenzen auf, die über längere Zeit hinweg unabhängig voneinander mutieren und sich schließlich sukzessive weiter verzweigen. Als dritte Variante gibt es noch die für eine Mutantenkolonie typische Vernetzung. Bei Sequenzen, die durch Mutation ständig neu aus einer bestangepaßten hervorgehen, findet man – vor allem für kleine Informationsabstände – einen hohen Vernetzungsgrad infolge zyklischer Mutationswege, da gleiche Mutanten ja auf alternativen, voneinander unabhängigen Wegen entstehen können. Dieser Fall tritt stets ein, wenn die Gesamtheit der Symbole einer Sequenz so klein und der betrachtete Zeitraum so groß ist, daß jedes Symbol mehrfach die Chance hatte zu mutieren. Auch bei der zunächst büschel- oder baumartigen Verzweigung wird dieser Zustand schließlich erreicht, was durch vermehrtes Auftreten von zyklisch geschlossenen Wegen zu erkennen ist. Man spricht hier in Analogie zur Nachrichtentechnik von einer Verrauschung der Topologie. Im Grenzfall völliger Verrauschung ist es nicht mehr möglich, historische Informationen aus den Sequenzdaten zu gewinnen.

Für eine erfolgreiche Anwendung der vergleichenden Sequenzanalyse ist es also wichtig,

- daß die Sequenzen hinreichend lang sind,
- daß die Paarabstände in Relation zur Sequenzlänge weder zu groß noch zu klein sind und
- daß eine genügend große Anzahl verschiedener, miteinander verwandter Sequenzen zur Verfügung steht.

Die beiden erstgenannten Bedingungen tragen der zufälligen Natur des Mutationsprozesses Rechnung. Es soll die statistische Signifikanz der Zahlenwerte gewährleistet sein. Dazu müssen zum einen die Paarabstände so groß sein, daß sich definierte Mittelwerte angeben lassen. Zum anderen müssen die Paarabstände weit unterhalb der Zahl der Positionen in den Sequenzen liegen. Bei binären, das heißt aus zwei Symbolklassen bestehenden, Sequenzen bedeutet ein Paarabstand, der der Hälfte der Positionen entspricht, bereits vollständige Verrauschung, denn die Wahrscheinlichkeit, daß die Symbole rein zufällig übereinstimmen, ist 50 Prozent. Bei kurzen Sequenzen werden Parallelmutationen, bei denen zwei Sequenzen in der gleichen Position gleichartig verändert werden, wie auch Rückmutationen, bei denen innerhalb einer Sequenz eine bereits erfolgte Abänderung rückgängig gemacht wird, relativ häufig vorkommen. Solche Mutationen werden mit den Paarabständen nicht erfaßt. Sie können abgeschätzt und in die mathematische Analyse eingebracht werden, solange es sich dabei um kleine Korrekturen handelt.

Die dritte Bedingung schließlich ist eine wichtige Voraussetzung für die möglichst genaue Ermittlung der Topologie des zu analysierenden Sequenzraumes. Wir können heute nur die Mutationen registrieren, die in der Evolution fixiert wurden. Dabei spielt sowohl die Fähigkeit zur Abänderung (Reproduktionsfehlerrate) als auch die Festschreibung der erfolgten Abänderung eine Rolle. Mit anderen Worten, eine Mutante muß nicht nur gelegentlich auftreten, sondern auch hochwachsen und dominant werden. Andererseits müssen Häufigkeit und Fixierung von Mutationen so begrenzt sein, daß die ursprüngliche Information nicht zerfließt. Jede Ähnlichkeit zweier Sequenzen wäre sonst rein zufällig.

Die Natur hält glücklicherweise ein großes Repertoir von Gensequenzen mit sehr unterschiedlicher phylogenetischer Divergenz bereit (Tafel 2). Wir finden sowohl stark variable Gene, mit deren Hilfe sich sogar die Verwandtschaftsgrade zwischen Mensch und Primaten quantitativ ausloten lassen, als auch äußerst konservative Gene, die uns zu sehr frühen Verzweigungen innerhalb der Einzeller wie Eubakterien und Archaebakterien führen. Darüber hinaus gibt es Genfamilien, deren Verwandtschaftsbeziehungen in präzellulare Stadien zurückreichen. Sie gewähren zum Beispiel Einblick in die Entstehungsphase des genetischen Codes.

Wir sind damit in der Lage, eine ganze Serie von Aussagen aus den Sequenzuntersuchungen abzuleiten und die diesem Abschnitt vorangestellte Frage zu beantworten.

Sämtliche Stufen der Evolution, von der Differenzierung der Primaten bis zu den allerersten Verzweigungen von Einzellern, lassen sich unter Verwendung geeigneter Genabschnitte quantitativ analysieren. Zu den bestuntersuchten Proteinsequenzen zählen die Immunglobuline, der Blutfarbstoff Hämoglobin und das Atmungsferment Cytochrom c. Bei den Nucleinsäuren sind es hauptsächlich Sequenzen von Komponenten des Reproduktions- und Übersetzungsapparates der Zelle, die Zeugnis von den Anfangsstadien der biologischen Evolution ablegen. Sie wurden bereits für viele Hunderte von verschiedenen Organismen analysiert und lassen die frühesten Verzweigungen der Evolution deutlich erkennen.

Die Topologie aller *phylogenetischen* Verästelungen ist eindeutig baumartig. Abweichungen sind so klein, daß sich eine klare Abgrenzung zu anderen Verzweigungstopologien ergibt.

Zum Unterschied von der konsekutiv baumartigen Auffächerung in der Phylogenie findet man bei Sequenzfamilien

– beispielsweise bei den verschiedenen tRNA-Molekülen in ein und demselben Organismus – büschelartiges Auseinanderstreben. Offensichtlich sind diese Sequenzen aus der Mutantenverteilung jeweils *eines* Vorläufergens hervorgegangen und haben sich dann unabhängig voneinander entwickelt[5].

»Ur-Gene« lassen sich teilweise rekonstruieren. Sie zeigen charakteristische Muster in ihrer Sequenz, die auf einen einfachen Ur-Code hinweisen. Sie sind besonders reich an G- und C-Bausteinen, die stabile Faltungsstrukturen der Nucleinsäuren gewährleisten. Die phylogenetische Analyse der Abkömmlinge dieser Moleküle zeigt, daß das Ur-Code-Muster um so schärfer hervortritt, je weiter man in der Zeit zurückgeht. Es handelt sich also bei den gefundenen Nucleotidmustern um Zeugnisse aus der Urzeit, die sich bis auf den heutigen Tag erhalten haben. Dies ist ein sehr wichtiger Befund, denn Übereinstimmungen zwischen verschiedenen Sequenzen können Überbleibsel einer gemeinsamen Urform, ebenso aber Zielstrukturen einer nicht vollständig erreichten beziehungsweise festgefahrenen evolutiven Anpassung sein.

Eine absolute zeitliche Datierung läßt sich für die allerersten Verzweigungen bisher nicht vornehmen. Wir kennen lediglich die absoluten Abstände zwischen den analysierten Sequenzen und die daraus resultierenden Grenzwerte für eine relative Zeitskala. Man müßte für die jeweiligen Evolutionsabschnitte die gültigen Mutationsgeschwindigkeiten genau kennen, um mit ihrer Hilfe die Informationsabstände in einen absoluten Zeitmaßstab transformieren zu können. Für die geologisch manifesten Zeitalter der Evolution, in die beispielsweise die Verzweigungen der meisten Eukaryonten fallen, ist eine solche Transformation ohne weiteres möglich.

Für die anfänglichen Evolutionsstadien können wir lediglich Grenzwerte angeben. Die Zeitskala für die frühesten phylogenetischen Verzweigungen reicht bis circa drei Milliarden Jahre zurück. Die Extrapolation auf präzelluläre Stufen ist unsicher, doch liegen die frühesten aus Sequenzabständen rekonstruierbaren Verzweigungspunkte molekularer Funktionseinheiten – etwa der Adaptoren des genetischen Codes – relativ nahe bei den Verzweigungen für die ersten Zelltypen (Tafel 3). Nach vorsichtiger Schätzung liegt die Phase der Entstehung des molekularen Instrumentariums der Zelle nicht wesentlich mehr als vier Milliarden Jahre zurück. Mithin bedurfte es weniger als eines Viertels der gesamten Zeitspanne der Evolution, um den genetischen Code und die Übersetzungsmaschinerie der Zelle entstehen und zu einer für alle Lebensformen verbindlichen Einheit werden zu lassen.

Es spricht sehr viel für die Schlußfolgerung, daß das Leben auf *unserem* Planeten, dessen Alter ungefähr 4.7 Milliarden Jahre beträgt, entstanden ist. Jedenfalls besteht aufgrund der genannten Ergebnisse kein Anlaß zu der Annahme, die Existenzzeit unseres Planeten habe für eine Selbstorganisation reproduktionsfähiger Molekülsysteme nicht ausgereicht[6]. Die Evolution der Arten, von den ersten Einzellern bis hin zum Menschen, vollzog sich innerhalb eines Zeitraumes von drei bis dreieinhalb Milliarden Jahren. Sie wird in rekonstruierbaren phylogenetischen Stammbäumen manifest. Die Aussicht, daß in naher Zukunft die gesamte genetische Information einer Vielzahl von Lebewesen dokumentiert sein wird, eröffnet weitere Möglichkeiten für eine gesicherte Rekonstruktion des historischen Ursprungs des Lebens.

3. Komplexität als physikalisches Problem

»Was war also das Leben? Es war Wärme, das Wärmeprodukt formerhaltender Bestandlosigkeit, ein Fieber der Materie, von welchem der Prozeß unaufhörlicher Zersetzung und Wiederherstellung unhaltbar verwickelt, unhaltbar kunstreich aufgebauter Eiweißmoleküle begleitet war.«

Wenn wir das Phänomen Leben als eine Regelmäßigkeit im Verhalten der Materie ansehen, so erhebt sich die Frage: Was für ein physikalisches Prinzip steht hinter einer solchen Verhaltensweise, und was bewirkt es?

Die Frage: Was ist Leben? hat viele Antworten und am Ende doch keine befriedigende. (Thomas Mann führt uns das Dilemma mit der ständigen Wiederholung dieser Frage und der kontinuierlichen Abwandlung der Antworten eindrucksvoll vor Augen.) Zu groß ist die Fülle komplexer Erscheinungen, zu verschiedenartig sind die Lebewesen in ihren Merkmalen und Leistungen, als daß eine allgemeine Definition sinnvoll wäre. Sie könnte auch nicht andeutungsweise eine Vorstellung von jener individuellen Vielfalt geben, die das Wesen des Lebens ausmacht. Das liegt in der Komplexität begründet, die allen uns bekannten Lebensstufen gemeinsam ist. Ja, dieses Problem stellt sich bereits auf molekularer Ebene in den Strukturen, die charakteristisch für den Lebensprozeß sind: den Nucleinsäuren und den Proteinen.

Wie komplex sind die primitivsten Lebewesen? Auch das schien für lange Zeit eine hoffnungslos komplizierte Frage zu sein. Doch wir wissen heute, daß jedes Lebewesen durch einen Bauplan repräsentiert ist. Dieser wird von Generation zu Generation weitergereicht und sorgt dafür, daß die Nachkommen den Vorfahren gleichen. Das gilt vor allem für die vegetative Vermehrung und mit gewissen Einschränkungen – bedingt durch den Charakter des rekombinativen Mischungsprozesses – ebenso für die sexuelle Fortpflanzung. Das Problem der Komplexität der Lebewesen reduziert sich damit auf das Problem der Komplexität der Baupläne. Denn diese sind es, die im geeigneten Milieu die Entstehung und Entwicklung des Lebewesens instruieren.

Da in den Bauplänen die genetische Information in linearer Abfolge von Symbolen vorliegt, fragen wir letztlich nach dem Informationsgehalt eines Schriftsatzes, und zwar nach der absoluten Menge der Information, zunächst noch nicht nach ihrem semantischen Gehalt. Eine mathematische Theorie, die Informationstheorie, hat hierfür eine quantitative Antwort parat[7]. Die Informationsmenge ist die Zahl binärer Ja-nein-Entscheidungen, die man im Mittel braucht, um eine bestimmte Symbolabfolge zweifelsfrei zu identifizieren. Wenn alle möglichen Aneinanderreihungen von Symbolen innerhalb einer gegebenen Sequenz gleich wahrscheinlich wären, so müßte man sämtliche alternativen Symbolabfolgen durchspielen, um auf die richtige zu stoßen. In einem solchen Falle ist die Zahl der alternativen Sequenzen, die sich aus einer definierten Symbolmenge herstellen lassen, ein Maß für den Informationsgehalt. Der Kehrwert dieser Menge gibt die Wahrscheinlichkeit für das Auftreten einer *bestimmten* Sequenz an. Da Mengen additiv sind, Wahrscheinlichkeiten aber multiplikativ, wählt man als Informationsmaß nicht die Zahl der möglichen Anordnungen selber, sondern ihren Logarithmus; denn der Logarithmus eines Produkts ist gleich der Summe der Logarithmen der Faktoren. Weiterhin benutzt man den Logarithmus zur Basis zwei und ordnet der so erhaltenen Größe die Einheit bit (= binary digit) zu. Die bit-Zahl entspricht dann einfach der Länge einer aus binären Zeichen bestehenden Sequenz. Die Nucleinsäuren machen von vier Symbolen Gebrauch, mithin gibt es für ein Gen der Länge N insgesamt 4^N verschiedene Anordnungen. Vorausgesetzt, daß diese alle gleich wahrscheinlich sind, bedeutet das einen Informationsgehalt von 2N bits.

Wie komplex sind nun die Lebewesen? Die kleinsten autonomen Einheiten – das sind einzellige Mikroorganismen wie beispielsweise das Coli-Bakterium – vereinigen in ihrem Genom einige Millionen Symbole – etwa das Äquivalent eines tausend Seiten starken Buches. Die Symbolmenge im Genom des Menschen ist fast tausendmal so groß. Sie repräsentiert schon eine stattliche Bibliothek. Es wäre sinnlos, sich die Zahl sämtlicher alternativer Buchstabenanordnungen vorzustellen; dazu fehlt uns jedes Anschauungsvermögen. Betrachten wir statt dessen ein einzelnes Gen mit nur tausend Symbolen, einen Satz der genetischen Sprache, der einer Funktionsanweisung entspricht. Bei vier Symbolklassen – jede der tausend Positionen hat vier alternative Besetzungsmöglichkeiten – ergeben sich $4^{1000} \approx 10^{602}$ (eine eins mit 602 Nullen) Varianten. Das Volumen des gesamten Universums – berechnet als Kugel mit einem Durchmesser von zehn Milliarden Lichtjahren – beträgt »nur« 10^{84} Kubikzentimeter, oder 10^{108} Kubik-Ångström. Der gesamte Materiegehalt des Kosmos entspricht dem Äquivalent von nicht einmal 10^{75} Genen der oben genannten Länge.

Die auf das Universum bezogenen Zahlen sind für unsere Überlegungen ohnehin irrelevant. Sie demonstrieren allein unser Unvermögen, irgendeine Vorstellung mit Zahlen der Größenordnung 10^{600} zu verbinden. Interessanter wäre es zu erfahren, wie viele Moleküle, bestehend aus tausend Symbolen, wohl im Evolutionsprozeß, also innerhalb der räumlichen und zeitlichen Grenzen unseres Planeten, hätten durchprobiert werden können. Natürlich läßt sich der historische Prozeß der Evolution nicht so genau rekonstruieren, daß eine im Detail korrekte Antwort gegeben werden könnte; doch dürfte die gesuchte Zahl irgendwo zwischen 10^{40} und 10^{50} liegen. 10^{50} würde bedeuten, daß während eines Zeitraums von einer Milliarde Jahren in einer – die gesamte Erdoberfläche bedeckenden – ein Zentimeter dicken Flüssigkeitsschicht bei einer Nucleinsäurekonzentration von einem Gramm pro

Liter ständig Moleküle entstehen und zerfallen, wobei die Lebensdauer jeder individuellen Sequenz nicht mehr als eine Sekunde betragen dürfte.

Man kann die gleiche Rechnung auch für den Laboratoriumsmaßstab anstellen. Ein Doktorand, der ein Jahr lang zwölf Stunden täglich in einem Einliterkolben unter den oben genannten Bedingungen – mit Hilfe von Enzymen – Nucleinsäuremoleküle synthetisiert, könnte es auf etwa 10^{25} Sequenzen bringen. Das klingt im Vergleich zum planetarischen Maßstab gar nicht einmal so hoffnungslos. Dazu kommt, daß die Bedingungen für eine natürliche Synthese auf der frühen Erde als in mehrfacher Hinsicht überschätzt gelten dürfen. Realistische Konzentrationen gelöster Nucleinsäuren liegen um Größenordnungen niedriger als ursprünglich angenommen. Die Synthesezeiten sind – besonders in den primitiven Anfangsstadien der Evolution – erheblich länger gewesen. Gene entstehen durch Reproduktion; das heißt, jede einmal entstandene Gen-Sequenz erscheint mit hoher Redundanz. Außerdem kann weder die gesamte Oberfläche unseres Planeten als Reaktionsvolumen ausgenützt noch die genannte Ausbeute wirklich erzielt werden. Übrig bleibt der Konflikt in den Größenordnungen, das Mißverhältnis zwischen dem, was möglich ist, und dem, was nötig wäre, falls Gene das Produkt einer reinen Zufallssynthese wären.

Welche Folgerungen müssen wir ziehen?

Die heutzutage in den Lebewesen vorzufindenden Gene können nicht zufällig, quasi per Würfelentscheid, entstanden sein. Es muß ein auf das Ziel, nämlich auf die Funktionstüchtigkeit ausgerichteter Optimierungsprozeß existieren. Auch wenn optimale Effizienz auf verschiedene Weise realisierbar wäre, kann sie nicht einfach durch blindes Herumprobieren erzielt werden.

Die Diskrepanz der Zahlen für real testbare und alle theoretisch möglichen Sequenzen ist so groß, daß Erklärungsversuche, die den Ort des Ursprungs des Lebens von der Erde ins Universum verlagern, keine akzeptable Lösung des Dilemmas offerieren. Das Masseverhältnis von Erde zu Universum beträgt »nur« 10^{-29} und die entsprechende Relation der Volumina 10^{-57}.

Das physikalische Prinzip, auf das wir unser Augenmerk zu richten haben, sollte in der Lage sein, die für die Lebenserscheinungen typische Komplexität in den molekularen Strukturen und Synthesemechanismen zu erklären. Es sollte aufzeigen, wie es möglich ist, daß derartig komplexe Molekülanordnungen in der Natur sich reproduzierbar bilden.

4. Wie entsteht Information?

»Man hatte sich, um ein Bindeglied zu finden, zu dem Widersinn der Annahme strukturloser Lebensmaterie, unorganisierter Organismen herbeigelassen, die in der Eiweißlösung von selbst zusammenschössen wie der Kristall in der Mutterlauge – während doch organische Differenziertheit zugleich Vorbedingung und Äußerung alles Lebens blieb, und während kein Lebewesen aufzuweisen war, das nicht einer Elternzeugung sein Dasein verdankt hätte.«

Das Schlüsselwort zur Darstellung des Komplexitätsphänomens ist bereits gefallen: Information. Wir müssen nach einem Algorithmus, einer naturgesetzlichen Vorschrift für die Entstehung von Information suchen. Die auf Seite 34 gegebene Definition des Informationsbegriffes, die allein auf der Zahl der Anordnungsmöglichkeiten basiert, ist unvollständig. Sie gilt nur für den Grenzfall, daß sämtliche Anordnungen a priori gleich wahrscheinlich sind. Will man eine binäre Sequenz durch Fragen, die ausschließlich mit ja oder nein beantwortet werden dürfen, erraten, so wird die Zahl der notwendigen Fragen im Mittel gerade dem Informationsgehalt der Sequenz, das heißt ihrer bit-Zahl entsprechen, vorausgesetzt, die beiden Symbole haben für jede Position exakt den gleichen Erwartungswert. Wäre die Sequenz ein Satz aus unserer Sprache und wäre der Code bekannt, der die Sprachsymbole – analog dem Fernschreibcode – in binäre Zeichen überführt, so käme man viel schneller zum Ziel, wenn man die geläufigen Eigenschaften der Sprache beim Raten mitberücksichtigte. Eine Analyse der Symbolverwendung in unserer Sprache zeigt, daß neben dem Zwischenraumsymbol, das die Wörter voneinander abgrenzt, am häufigsten der Buchstabe e auftritt. Die durchschnittliche Länge der Wörter wird durch sinnvolle Anwendung des Zwischenraumsymbols gesteuert. Beim Aufbau der Wörter ist bekannt, daß zum Beispiel alle Artikel aus drei Buchstaben bestehen und mit d beginnen. Ferner sind Vokale und Konsonanten nicht vollkommen willkürlich verteilt. Die Struktur der Sätze ist durch den Gebrauch und die Abfolge von Artikeln, Haupt-, Eigenschafts- und Tätigkeitswörtern weitgehend festgelegt. Dazu kommen grammatische und syntaktische Regeln. Das Spektrum der regulierenden Bedingungen reicht bis hin zum Sinn des Satzes, also zur semantischen Information, die von spezifischen Prämissen abhängig ist, die sich nicht mit generell gültigen statistischen Häufigkeitsregeln erfassen lassen.

Claude Shannon, einer der Begründer der Informationstheorie, hat einmal von seinen Studenten folgendes Spiel ausführen lassen. Ein Spieler denkt sich einen Satz aus. Der Partner muß diesen Buchstabe für Buchstabe erraten. Seine Fragen dürfen nur mit ja oder nein beantwortet werden. Die Zahl der Fragen bis zur Identifizierung des Satzes wird notiert und mit der Zahl verglichen, die beim Raten, ohne Berücksichtigung der bekannten Struktur der Sprachregeln, erforderlich wäre. Eine Analyse von hundert Textbeispielen ergab eine Reduzierung der benötigten Information von 4.76 bits pro Symbol für eine völlig unkorrellierte Buchstabenverteilung auf 1.94–1.4 bits pro Symbol (gültig für die englische Sprache). Die Spieler setzten natürlich beim Erraten der unbekannten Texte ihre gesamten Kenntnisse über die Struktur der Sprache ein.

Wir halten fest, jede Nebenbedingung, die die Gleichverteilung der a priori-Wahrscheinlichkeiten der Symbole verändert, reduziert die Informationsmenge die zur Identifizierung aufzubringen ist. Diese Menge entspricht einer mittleren bit-Zahl pro Symbol, multipliziert mit der Gesamtzahl der Symbole in der Nachricht. Es kommt also nicht allein auf die absolute Menge der Symbole und auf die Gesamtheit der alternativen Anordnungsmöglichkeiten, sondern gleichermaßen auf eine durchschnittliche Realisierbarkeit der Alternativen an. Informationsentstehung ist gleichbedeutend mit einer Veränderung der Wahrscheinlichkeitsverteilung der

Symbole aufgrund von zusätzlichen Bedingungen, die erst im Verlaufe des evolutiven Prozesses zutage treten.

Es gibt eine unmittelbare Beziehung zwischen der oben betrachteten Informationsmenge und der Entropie der Thermodynamik, und zwar entspricht die von Shannon definierte Information der negativen Entropie. (Diese Zusammenhänge sind lehrbuchkundig und sollen daher hier nicht weiter erläutert werden[8].) Für unsere Fragestellung ist die Tatsache von Bedeutung, daß im thermodynamischen Gleichgewicht die Entropie ein Maximum erreicht. Jede Störung des Gleichgewichtes erzeugt eine Reaktion, die auf einen Ausgleich der Störung hinausläuft. Man bezeichnet diesen Ausgleich als Relaxation. Das Gleichgewicht ist ein stabiler Zustand. Es gibt keinerlei Störungen, die die Wahrscheinlichkeitsverteilung im System grundlegend verändern könnten, solange die äußeren Bedingungen konstant sind. Information kann daher in Systemen, die sich im thermodynamischen Gleichgewicht befinden, *nicht* entstehen.

Wie aber ist die Information der Genbaupläne, die Fixierung bestimmter Symbolanordnungen zustande gekommen? Der Biologe wird antworten: durch natürliche Auslese! Und er wird hinzufügen, daß die in den Lebewesen enthaltenen Gensequenzen, die für eine an das Leben optimal angepaßte Funktion codieren, Produkte einer ganzen Serie schrittweise durch Selektion etablierter Veränderungen der Sequenz darstellen. Ein solcher Prozeß muß keineswegs monoton verlaufen. Gelegentlich werden stabile Zwischenstadien erreicht, in denen die Evolution scheinbar zum Stillstand kommt, weil zeitweilig einfach keine Mutanten entstehen, die vorteilhafter wären. Doch dann gibt es wieder Abänderungen, entweder infolge seltener Mutationen oder durch Umweltfaktoren provoziert, die eine Kaskade weiterer Mutationen auslösen. So werden Zwischenstufen geschaffen, die noch nicht optimal angepaßt sind und in deren Mutantenspektrum bald besser angepaßte Sequenzen auftauchen werden. Dadurch sieht es am Ende so aus, als ob die Natur Sprünge gemacht habe, denn die relativ kurzlebigen Zwischenstufen haben keine Spuren hinterlassen.

Darwins Prinzip leistet das, was die Informatiker als Informationserzeugung bezeichnen. Dominanz eines durch Selektion etablierten Wildtyps bedeutet lokale Stabilisierung einer gegebenen Wahrscheinlichkeitsverteilung. Das Auftauchen einer vorteilhaften Mutante bewirkt Destabilisierung des zuvor eingestellten Zustands und Etablierung einer neuen – wiederum nur metastabilen – Wahrscheinlichkeitsverteilung. Daß eine destabilisierende Mutante überhaupt erscheinen kann, besagt, daß Selektion nichts mit einem echten Gleichgewicht gemein hat. Denn es gibt in einem solchen System keine statistischen Fluktuationen – auf solche sind Mutationen generell zurückzuführen –, die sich aufschaukeln können und damit makroskopisch manifest werden. Jede Mutante – auch die vorteilhaftere – taucht zunächst als Einzelkopie auf. Ihr Hochwachsen hängt von besonderen, im Gleichgewicht nicht realisierbaren Voraussetzungen ab, die allein in den Eigenschaften der Konstituenten lebender Systeme begründet sind.

Um uns den gesetzmäßigen Charakter des Selektionsvorganges vor Augen zu führen, betrachten wir das Massenwirkungsgesetz, das für das *chemische Gleichgewicht* maßgebend ist. Im abgeschlossenen chemischen System, das mit seiner Umgebung keinerlei Stoffaustausch hat, stellen sich die durch das Massenwirkungsgesetz festgelegten Proportionen aller Komponenten unausweichlich und reproduzierbar ein. Eine solche Gleichgewichtsverteilung kann als »selektiv« angesehen werden. Grundlage der Selektionsbewertung ist der Gehalt an freier, das bedeutet zur Arbeitsleistung befähigter, Energie der einzelnen Komponenten. Komponenten mit geringer freier Energie werden bevorzugt. Doch heißt das nicht, daß die benachteiligte Form ausstirbt. Sie erscheint lediglich mit geringerer Häufigkeit, und zwar entsprechend der Bilanz des Massenwirkungsgesetzes. Solange ein Gleichgewicht zwischen zwei Komponenten überhaupt statistisch definierbar ist, treten beide mit endlicher Häufigkeit in Erscheinung.

Die Problemstellung im Falle des Darwinschen Selektionsprinzips ist ganz ähnlich, doch die Konsequenzen sind sehr verschieden. Wir fragen nach der Auslese eines bestimmten Genotyps, der für einen Phänotyp codiert, der sich durch die Qualität »bestangepaßt« auszeichnet. Der Genotyp entsteht jeweils als Kopie einer schon vorhandenen Sequenz. Bei dieser Reproduktion treten jedoch Mutationen auf. Sie können in einer bloßen Fehlkopierung, aber auch in Auslassungen oder Einschiebungen einzelner Symbole, beziehungsweise ganzer Sequenzabschnitte bestehen. Derartige Mutationen sind die Quelle für das Fortschreiten der Evolution. Selektion beinhaltet nun zweierlei. Erstens: Die Sequenz, die unter allen Mutanten den bestangepaßten Phänotyp, den Wildtyp, darstellt, wächst heraus. Die weniger angepaßten Mutanten – so die klassische Interpretation – sterben jeweils aus. Sie können nicht mit dem Wildtyp koexistieren und erscheinen allenfalls sporadisch als statistische Fluktuationen. Die selektierte Sequenz wird zur Grundlage weiteren Fortschritts gemacht. Zweitens: Die Information des Wildtyps bleibt solange stabil erhalten, als keine besser angepaßte Variante unter den statistisch durchgespielten Mutanten erscheint. Somit wird verhindert, daß Fehler akkumulieren. Dazu muß die Fehlerrate unterhalb eines kritischen Schwellenwertes bleiben. Erst wenn eine Variante auftritt, die (noch) besser angepaßt ist, übernimmt diese die Rolle des Wildtyps.

Im Sinne unserer Fragestellung könnte man das Selektionskonzept als Schlüssel zur Lösung des Komplexitätsproblems ansehen. Doch welcher Mechanismus garantiert Selektion und damit gesetzmäßige Entstehung von Information?

5. Leben ist ein dynamischer Ordnungszustand der Materie

»Das waren die Genen, die Bioblasten, die Biophoren ... Da sie Leben trugen, mußten sie organisiert sein, denn Leben beruhte auf Organisation, wenn sie aber organisiert waren, so konnten sie nicht elementar sein, denn ein Organismus ist nicht elementar, er ist vielfach. Sie waren Lebenseinheiten unterhalb der Lebenseinheit der Zelle, die sie organisch aufbauten. Wenn dem aber so war, so mußten sie, obgleich über alle Begriffe klein, selber ›aufgebaut‹, und zwar organisch, als Lebensordnung ›aufgebaut‹ sein.«

Die Information, der Bauplan der Lebewesen, ist in der DNA gespeichert. Die Symbolabfolge muß wie in einer Sprache organisiert sein. Es gibt in der Tat eine Interpunktion oder Gliederung, die den Riesenschriftsatz in Wörter (Codonen), Sätze (Gene), Abschnitte (Operonen), ja ganze Schriftwerke (Chromosomen) unterteilt. Diese Organisation ist statisch; sie wurzelt in der Struktur beziehungsweise in der Bausteinsequenz des DNA-Moleküls.

Doch wie ist diese informierte Ordnung des Moleküls entstanden? In seiner *strukturellen* Stabilität ist das informierte gegenüber dem nicht-informierten Molekül in keiner Weise ausgezeichnet. Die Stärke der chemischen Wechselwirkungen, die das Molekül stabilisieren und die in der Symbolabfolge enthaltene Information bewahren – sie muß von Generation zu Generation weitergegeben werden –, ist zwar von der Zusammensetzung der Sequenz abhängig, hat aber nichts mit der in ihr gespeicherten Information zu tun. Die strukturelle Stabilität steht also in keinerlei Zusammenhang mit der semantischen Information, die erst im Übersetzungsprodukt zum Ausdruck kommt. Die Auslese von informierten gegenüber nicht-informierten Molekülen beruht *nicht* auf struktureller Stabilität, sondern basiert auf einer Ordnung, die in der Selektionsdynamik der Reproduktion begründet ist.

Es ist ähnlich wie mit Mozarts Kompositionen, die sich in unseren Konzertprogrammen stabil erhalten. Das liegt nicht daran, daß die Noten dieser Werke in einer besonders widerstandsfähigen Druckerschwärze fixiert wurden. Die Persistenz, mit der eine Mozart-Symphonie in unserem Konzertprogramm erscheint, ist allein die Folge ihres hohen Selektionswertes. Damit dieser wirksam bleibt, muß das Werk immer wieder gespielt, von uns zur Kenntnis und ständig – in Konkurrenz zu anderen Kompositionen – neu bewertet werden.

Bevor wir auf die Frage nach dem Ursprung und dem erzeugenden Prinzip der dynamischen Ordnung des Lebens eingehen, müssen wir sicherstellen, daß diese Ordnung für das Leben schlechthin relevant ist.

Was ist allen Lebewesen gemeinsam?

Alle Lebewesen benutzen als Speicher für ihr Erbmaterial die DNA und verarbeiten die gespeicherte Information nach dem Schema:

Legislative	→	Nachricht	→	Exekutive	→	Funktion
DNA	→	RNA	→	Protein	→	Stoffwechsel

Nicht nur das Schema ist universell, die Detailstrukturen sind es gleichermaßen. Alle Lebewesen machen von einem universellen genetischen Code, einer universellen biochemischen Maschinerie sowie von makromolekularen Syntheseprodukten, die nach universellen Strukturprinzipien organisiert sind, Gebrauch (Tafeln 4 bis 8).

Die unterste Einheit autonomen Lebens ist die Zelle, deren Prototypen wiederum nach einem universellen Konzept aufgebaut sind. Mehrzellige Lebewesen allerdings unterscheiden sich sehr wohl in ihren sichtbaren funktionellen Leistungen. An welche Funktion auch immer die Zellen adaptiert sind, sie erfüllen sie mit optimaler Effizienz. Die Blau-Alge, ein sehr frühes Produkt der Evolution, ist ein perfekter Wandler von Licht in chemische Energie. Die enzymatischen Reaktionen eines Bakteriums unterscheiden sich in ihrer Effizienz kaum von denen, die in der menschlichen Zelle ablaufen. Archaebakterien zeigen ihre Fähigkeit zu überleben unter extremen Umweltbedingungen, beispielsweise in hohen Salzkonzentrationen oder bei hohen Temperaturen. Die Amöbe, ebenfalls noch Einzeller, jedoch auf einer höheren Entwicklungsstufe, besitzt bereits Sozialverhalten, in Form von chemischer Kommunikation mit Artgenossen und Kooperation bei der Sporulation zur Begründung der Nachkommenschaft. Zu den wundervollsten und ausgeklügeltesten Leistungen kommt es bei den höheren Organismen. Aus den lose organisierten Zellhaufen sind schließlich zentral gesteuerte, multizelluläre Organisationsformen mit differenzierter Funktionsaufteilung geworden.

Sämtliche Spielarten des Lebens haben einen gemeinsamen Ursprung. Der Ursprung ist die Information, die in allen Lebewesen nach dem gleichen Prinzip organisiert ist.

Ein Verständnis dieses Prinzips wird uns einer Antwort auf die eingangs gestellte Frage: »Wie *kann* Leben entstehen?« näherbringen. Insofern Leben vom Einzeller bis zum Menschen hin *viele* Entwicklungsstufen durchlaufen hat, müssen auch mannigfaltige Organisationsprinzipien existieren: für die Reproduktion einzelner Gene, für ihre kooperative Einordnung in einen funktionellen Verband, für geregeltes Wachstum, für den Aufbau von Zellstrukturen, für rekombinative Vererbung, für die Differenzierung der Zellen, für die Organbildung, bis hin zur Konstruktion *des* Organs, das Gedächtnisleistungen erbringt, selbst Information speichert, verarbeitet und kreiert und auf dessen Ebene ein neuer, dem Materiellen überlagerter Evolutionsprozeß abläuft.

6. Gibt es ein Ordnungsprinzip für die biologische Selbstorganisation?

»Aber was bedeutete all dieses Unwissen im Vergleich mit der Ratlosigkeit, in der man vor Erscheinungen, wie der des Gedächtnisses oder jenes weiteren und erstaunlicheren Gedächtnisses stand, das die Vererbung erworbener Eigenschaften hieß?«

Das Ordnungsprinzip, auf das wir nun unsere Aufmerksamkeit richten, soll erklären, wie Information zustande kommt. Es muß sich um ein dynamisch begründetes Prinzip handeln. Information *entsteht* aus Nicht-Information. Dabei darf es sich nicht lediglich um eine die Information sichtbar machende Transformation handeln. Der Zustand des Systems nach der Entstehung von Information ist ein völlig neuartiger. Der damit verknüpfte Prozeß ist irreversibler Natur. Der vorherige – informationsärmere – Zustand ist aufgrund der neuen Information instabil geworden und somit irreversibel vergangen.

So etwa könnte eine physikalische Interpretation des Darwinschen Prinzips lauten. Diesem Prinzip zufolge breitet sich das besser angepaßte Neue aus, nachdem es einmal – wie auch immer – entstanden ist, und ersetzt das weniger angepaßte Alte. So baut sich das Kompliziertere aus dem Einfacheren auf, in der Evolution vom Einzeller bis hin zum Menschen. Evolution beschreibt die Entstehung von Information. Fixiert ist diese Information in den Genen der Lebewesen.

Liest man bei Darwin[9] nach, so wird einem bewußt, daß er sein Prinzip durchaus auf die biologische Wirklichkeit bezogen sehen wollte, nicht als abstraktes Ordnungskonzept, sondern als eine in der Natur unmittelbar sichtbare Tendenz, mit vielem »wenn und aber«, dessen sich später die Populationsbiologie noch explizit annahm. Nur einmal, nämlich in einem Brief an Nathaniel Wallich (1881), läßt Darwin durchblicken, daß er hinter dem Lebensprozeß doch so etwas wie ein allgemeines Ordnungsprinzip vermutet. Er bestätigt noch einmal, daß die Frage nach dem Ursprung des Lebens beim damaligen Stand des Wissens als unbeantwortbar – »ultra vires« – zu gelten habe, und hebt hervor, daß sich seine Überlegungen lediglich auf die phylogenetische Abfolge bezögen. Doch dann schreibt er: »I believe ... that the principle of continuity renders it probable that the principle of life will hereafter be shown to be a part, or consequence, of some general law.«*

Heutzutage können wir in der Anwendung auf molekulare Systeme, wie sie die Gene und ihre Übersetzungsprodukte darstellen, sehr viel objektiver die physikalische Natur des Prinzips untersuchen, sowohl theoretisch durch Festlegung aller Voraussetzungen und Randbedingungen als auch experimentell durch Schaffung definierter Versuchsbedingungen[10]. Das Selektionsprinzip erweist sich dann weder als ein der belebten Materie inhärentes, mystisches Axiom noch als eine, vornehmlich im Lebensprozeß beobachtbare, allgemeine Tendenz, sondern – wie viele der bekannten physikalischen Gesetze – als ein klares »Wenn-dann«-Prinzip, das ein aus definierten Voraussetzungen ableitbares Verhalten impliziert, analog dem Massenwirkungsgesetz, das die Einstellung der Mengenverhältnisse im chemischen Gleichgewicht regelt.

Die Voraussetzungen, die erfüllt sein müssen, sind:

- Die zur Selektion gelangenden Individuen (DNA-Moleküle, Viren, Bakterien) müssen selbstreproduktiv sein. Sie dürfen, nachdem sie einmal entstanden sind, sich ausschließlich durch *Kopierung* schon vorhandener gleichartiger Individuen bilden, nicht aber de novo. Wir

* Ich glaube ..., daß das Prinzip der Kontinuität es wahrscheinlich macht, daß das Prinzip »Leben« sich nunmehr als Teil oder Konsequenz einer allgemeinen Gesetzmäßigkeit erweisen wird.

wollen diese Individuen deshalb Replikatoren nennen.

- Die erste Bedingung wird eingeschränkt durch einen Zusatz, der besagt, daß die Kopierung mit Fehlern behaftet sein kann. Dies ist eine Konsequenz, die nicht zuletzt daraus resultiert, daß der physikalische Prozeß der Kopierung bei endlicher Temperatur abläuft und daß die dazu notwendigen Wechselwirkungsenergien in der Größenordnung der thermischen Energie liegen. Die eine Kopierung ermöglichenden Wechselwirkungen sind mithin von Fluktuationen überlagert, die sich als Mutationen auswirken. Aufgrund dieses Sachverhaltes entstehen Replikatoren nicht ausschließlich durch exakte Selbstreproduktion, sondern auch durch Fehlkopierung nahe verwandter Replikatoren.
- Die Selbstreproduktion muß weitab vom chemischen Gleichgewicht ablaufen. Dazu benötigt das Replikatorsystem ständig die Zufuhr von chemischer Energie. Das System muß also einen Metabolismus besitzen. Im chemischen Gleichgewicht dagegen sind Auf- und Abbau auf mikroskopischer Ebene streng reversibel. Hier wird der durch Selbstreproduktion bedingte autokatalytische Aufbau durch einen ebenfalls autokatalytischen Abbau kompensiert und kann sich nicht mehr im Sinne einer Selektion auswirken.

Selbstreproduktivität, Mutagenität und Metabolismus sind notwendige Voraussetzungen für natürliche Selektion. In einem System, das diese drei Eigenschaften besitzt, stellt sich Selektion naturgesetzlich ein. Das bedeutet im Bild relativer Populationszahlen: Einer der vielen Replikatoren wird hochwachsen und die Szene dominieren. Selbst bei kleinsten Unterschieden im Selektionswert resultiert für die nicht miteinander verwandten Replikatoren eine klare »Alles-oder-nichts«-Entscheidung. Mutanten mit enger Verwandtschaft zum dominanten Replikator dagegen werden entsprechend ihrem Selektionswert und Verwandtschaftsgrad toleriert. Das impliziert, daß (nahezu) gleichwertige Replikatoren, die eng miteinander verwandt sind, sich die Herrschaft teilen. All dies gilt unabhängig davon, ob das System stationär ist, wächst oder in irgendeiner anderen Weise zeitlich variiert.

Der Selektionswert ist ein aus dynamischen Eigenschaften des Systems definierter Parameter, in dem Reproduktionsrate und -güte sowie Lebensdauer zur Bewertung kommen. Insofern die Selektionswerte von Umweltbedingungen, zum Beispiel von der Anwesenheit reaktionsbeschleunigender oder interferierender Substanzen, abhängen, können sie von recht komplizierter analytischer Form sein. Für einfachere Molekülsysteme unter definierten Bedingungen lassen sie sich messen.

Bei großen Populationszahlen ist selektives Verhalten so gesetzmäßig wie die Einstellung des chemischen Gleichgewichts. Es ist unausweichlich, allerdings nur dann, wenn die genannten Voraussetzungen erfüllt sind. Selektion beinhaltet ein exakt festgelegtes »Wenn-dann«-Verhalten. Es hebt sich von der vagen tautologischen Interpretation »best-angepaßt = selektiert« klar ab. Selektion könnte prinzipiell ja lediglich *irgendeine* Privilegierung darstellen. Hier bedeutet sie jedoch *eine ganz bestimmte* Form der Bevorzugung, die sich unbestechlich an einem Wertmaßstab orientiert, sich dabei gegen Konkurrenten scharf abgrenzt, ein breites Mutantenspektrum wertorientiert aufbaut und so die komplexe Vielfalt organisiert und kontrolliert. Auch in der Massenwirkung des chemischen Gleichgewichts könnte man eine Art Selektion für die strukturell stabilste Konfiguration erblicken. Sie ist aber nicht von einer solchen Ausschließlichkeit wie die Selektion der Replikatoren, die inhärent an eine Nicht-Gleichgewichtssituation gebunden ist. Hohe strukturelle Stabilität im chemischen Gleichgewicht muß durch Reaktionsträgheit erkauft werden. Der im Nicht-Gleichgewicht dynamisch stabilisierte Replikator stirbt dagegen beim Auftauchen eines überlegenen Konkurrenten innerhalb kurzer Zeit aus.

Da alle Lebewesen selbstreproduktiv sind, spielt Selektion für *alle* Lebewesen eine entscheidende Rolle. Natürlich ergeben sich Modifikationen entsprechend unterschiedlichen inneren und äußeren Nebenbedingungen. So kann Selektion unter speziellen äußeren Gegebenheiten in Koexistenz oder gar Kooperation umschlagen. Liegen beispielsweise Kopplungen zwischen verschiedenen Replikatoren – wie Promotor- oder Repressorwirkung – vor, so führen sie bei Ringschluß zu einer geregelten Koexistenz aller Partner, und der Zyklus in seiner Gesamtheit tritt in scharfe Konkurrenz zu anderen Zyklen. Besonderheiten in den molekularen Mechanismen der Vererbung liegen vor allem bei den höheren Organismen vor, die ihre Gene rekombinativ austauschen, die Selektionsbewertung jedoch auf der Ebene des Gesamtorganismus vornehmen. Darwin hatte zweifellos eher diese Fälle vor Augen, als er das Selektionsprinzip konzipierte. Das mathematisch ableitbare abstrakte Prinzip ist an klar definierte Voraussetzungen wie mutagene Selbstreproduktivität und Nicht-Gleichgewicht geknüpft. Sie werden von einzelnen DNA- oder RNA-Molekülen, von Genen, gleichermaßen von Viren und vegetativ vermehrbaren Lebewesen in idealer Weise erfüllt. Selbstreproduktivität ist sogar außerhalb lebender Systeme zu realisieren. So vermehren sich Lasermoden aufgrund von Resonanzen replikativ, und wir finden das Phänomen der Selektion, der Dominanz einer bestimmten Mode im Laserlicht. Die entsprechende Theorie für Laser wurde von Hermann Haken[11] parallel zur Theorie der molekularen Selektion entwickelt[12]. Beide erweisen sich in ihrer mathematischen Struktur als sehr ähnlich.

Die Selektionstheorie selbstreproduktiver Systeme stellt für die Physik ein Novum dar, denn sie etabliert eine aus dynamischen Parametern definierte Wertfunktion. Die Vermutung, daß es sich bei Darwins Prinzip in der Formulierung von »survival of the fittest« um eine Tautologie handeln könnte, ist damit endgültig ad absurdum geführt. »Survival« ist eine Gegebenheit, die sich durch relative Populationszahlen ausdrückt und im Experiment messen läßt. »Fittest« ist durch eine Wertfunktion bestimmt. Sie basiert auf dynamischen Parametern, die unabhängig von Populationszahlen meßbar sind. Für Molekülsysteme ist der Zusammenhang nicht nur exakt formulierbar, sondern auch durch Messungen quantitativ überprüfbar.

Selektion bedeutet Fokussierung auf eine unter vielen möglichen alternativen Sequenzen. Diese dominante Sequenz, der sogenannte Wildtyp, ist im Vergleich zu anderen Sequenzen zahlenmäßig am stärksten vertreten. Der Wildtyp als Individuum besitzt unter allen Mutanten in der Regel die höchste Populationszahl. Da es andererseits sehr viele Mutanten gibt, macht er gleichwohl nur wenige Prozent der Gesamtmenge aus. Bei Umweltveränderungen kann aus dem reichhaltig besetzten Mutantenspektrum im allgemeinen schnell eine besser angepaßte Variante hochwachsen.

Dieses Resultat war für den Biologen überraschend. Man glaubte, aus der Tatsache, daß die DNA-Sequenz des Wildtyps sich eindeutig bestimmen läßt, folgern zu müssen, daß die überwiegende Menge der individuellen Sequenzen in der untersuchten Probe eben mit dem Wildtyp identisch sei. Das Argument war, daß allein eine absolut dominante Sequenz zweifelsfrei bestimmt werden könne. Das ist aber eine vordergründige Schlußfolgerung. Die Wildtypsequenz mag durchaus in sehr geringer Menge vorhanden sein, sofern die vielen Mutanten *symmetrisch* um die dominante Sequenz herum verteilt sind. Auf diese Weise wird der Mittelwert aller Sequenzen mit dem der individuellen Sequenz des Wildtyps identisch, selbst wenn diese per se überhaupt nicht vorhanden wäre. Wir nennen eine solche Verteilung Quasispezies[13]. Die Ergebnisse der Theorie wurden inzwischen experimentell bestätigt. Charles Weissmann hat durch Klonierung einzelner Mutanten, deren Multiplikation und Sequenzanalyse die Mutantenverteilung für das Bakterien-Virus Q_β quantitativ ausgemessen[14]. Dabei stellte sich heraus, daß die dominante Sequenz in der Tat so geringfügig besetzt war, daß sie mit keinem der zwanzig ausgewählten Klone identifiziert werden konnte (Tafel 9).

Die von der Theorie vorhergesagten Beziehungen zwischen Fehlerrate und Informationsmenge konnten ebenfalls quantitativ erhärtet werden[15]. Die dominante Sequenz wird ausschließlich dann stabil selektiert, wenn sie einen Selektionswert besitzt, der größer als die mittlere Reproduktionseffizienz des Mutantenensembles ist. Damit die Fehlkopien die dominante Sequenz nicht verdrängen, darf die Fehlerrate einen gewissen Schwellenwert nicht überschreiten (Tafel 10). Für den Schwellenwert der Fehlerrate gilt, daß er ungefähr der reziproken Zahl der Informationssymbole der Sequenz entspricht. Anders ausgedrückt: Je länger eine Sequenz ist, um so genauer muß die Reproduktion erfolgen, sonst akkumulieren die Fehler in sukzessiven Generationen, und die ursprüngliche Information zerfließt. Das Genom des Q_β-Virus besitzt 4200 Informationssymbole. Die Fehlerrate der Replikation in vivo beträgt laut Weissmanns Experimenten $3 \cdot 10^{-4}$. Es werden also pro Replikationsrunde durchschnittlich ein bis zwei Fehler gemacht[16]. Das bedeutet, daß das natürliche System knapp unterhalb der Fehlerschwelle operiert und gerade die maximale Zahl von Mutanten produziert, die noch tolerierbar ist. Das System hält sich auf diese Art stabil, ist aber in der Lage, flexibel auf Umweltveränderungen zu reagieren. Es erreicht dadurch die maximal mögliche Evolutionsrate. Inzwischen wurden derartige Untersuchungen auf eine ganze Reihe verschiedener RNA-Viren ausgedehnt[15]. Sie zeigen alle, daß Viruspopulationen natürliche Quasispezies-Verteilungen darstellen.

Die Überschreitung der Fehlerschwelle bewirkt Instabilität. Diese tritt immer dann ein, wenn eine selektiv vorteilhafte Mutante erscheint. Die vorher etablierte Sequenz vermag nun nicht mehr die Schwellenbeziehung zu erfüllen. Sie macht nach wie vor Fehler und ist nicht mehr in der Lage, diesen Verlust durch Vorteile gegenüber der neuen Konkurrenz auszugleichen. Sie stirbt aus, während die neue Variante hochwächst. Von nun an wird auf diesem höheren Niveau »weitergepokert«.

Für die quantitativen Ergebnisse im einzelnen spielen Fehlerrate, Sequenzlänge, Effizienz der Reproduktion im Vergleich zur mittleren Effizienz der Mutantenverteilung, sowie die Größe der Population eine Rolle. Es liegen Evolutionsexperimente von Sol Spiegelman und von Christof Biebricher vor, die zeigen, daß natürliche Prozesse in der Tat in der soeben dargelegten Weise ablaufen[15] (Tafel 11).

Die Systeme, an denen solche Messungen ausgeführt wurden, waren Randbedingungen unterworfen, die sich einfach realisieren ließen und die quantitative Voraussagen der Theorie möglich machten. Betrachtet man den natürlichen Prozeß der Evolution der Arten, so muß man berücksichtigen, daß oftmals äußerst komplexe Rand- und Nebenbedingungen vorliegen. Dennoch bleibt auf höherer Evolutionsebene Selektion – vor allem gegen Fehlkopien der eigenen Art – unumstößliches Gesetz. Allerdings komplizieren die vielen Zusatzbedingungen den Prozeß in einem solchen Maße, daß quantitative Voraussagen zumeist unmöglich werden. »Fittest« ist auf der Ebene des Menschen keine Eigenschaft mehr, die sich mit meßbaren Merkmalen korrelieren ließe. Wir müssen uns daher vor Extrapolationen hüten. Erfahrungen, die auf niedrigerer Ebene gewonnen wurden, lassen sich nicht bedenkenlos auf eine höhere Ebene projizieren. Derartige Extrapolationen haben oft den Weg zur richtigen Bewertung des Darwinschen Prinzips, des wohl wichtigsten Organisationsprinzips für die Entstehung und Entwicklung allen Lebens, verstellt.

Was leistet nun das Selektionsprinzip für den Prozeß der Informationsentstehung? Wieder wollen wir uns auf die Anfangsstadien der Evolution, nämlich auf die Informationsentstehung in einzelnen Molekülen, beschränken.

7. Evolution bedeutet Optimierung funktioneller Effizienz

»Aber das Leben selbst erschien unvermittelt. Wenn sich etwas darüber aussagen ließ, so war es dies: es müsse von so hoch entwickelter Bauart sein, daß in der unbelebten Welt auch nicht entfernt seinesgleichen vorkomme.«

Sind unsere Gene optimal? Ihre Übersetzungsprodukte jedenfalls, die molekularen Funktionseinheiten, sind als Enzyme, als Katalysatoren und Steuereinheiten von enormer Effizienz. Doch was verstehen wir unter optimal? Wir können die Reaktionsmechanismen der von den Enzymen gesteuerten Prozesse in ihre elementaren Einzelschritte – bis in den Zeitbereich von milliardstel Sekunden – zerlegen. Wir sind in der Lage festzustellen, welche Geschwindigkeiten Elementarschritte maximal erreichen könnten, ohne die Gesetze der Physik zu verletzen. Daraus läßt sich dann ableiten, wie die Einzelprozesse aufeinander abgestimmt sein müssen, damit eine höchst effiziente Gesamtleistung herauskommt. Enzymatische Katalyse bewirkt in vielen Fällen eine millionen- bis milliardenfache Reaktionsbeschleunigung. Wo immer solche Mechanismen quantitativ analysiert wurden, war das Ergebnis: Enzyme sind optimale Katalysatoren![17]

Die Gene der kleinsten Proteine setzen sich aus circa dreihundert Bausteinen zusammen. Vielleicht waren die Ur-Gene noch kleiner. Innerhalb der letzten Jahre wurden in den Proteinmolekülen Domänen identifiziert, die eine Zusammenlagerung aus kleineren Einheiten vermuten lassen. Die richtige Größenordnung für die Ur-Gene dürfte daher bei hundert bis dreihundert Nucleotid-Bausteinen liegen. Bei dieser Länge ist die Zahl der kombinatorisch möglichen alternativen Sequenzen bereits so groß, daß die Wahrscheinlichkeit für eine zufällige Entstehung eines Optimums vernachlässigbar klein wird.

Bietet nun das Selektionsprinzip eine Lösung für das Komplexitätsproblem? Ist die Entstehung »informierter« Ur-Gene sowie die Optimierung der funktionellen Effizienz ihrer Übersetzungsprodukte durch dieses Prinzip erklärbar?

Gehen wir von der landläufigen Interpretation des Darwinschen Prinzips aus, so stoßen wir auf eine Schwierigkeit. Es ist heute allgemein akzeptiert, daß Selektion eine determinierte Eigenschaft selbstreproduktiver Systeme ist. Wenn eine vorteilhaftere Mutante erst einmal in statistisch signifikanter Anzahl auftritt, so wächst sie unausweichlich hoch und dominiert schließlich die Population. Lediglich in der Anfangsphase gibt es eine Unsicherheit. Solange bloß eine Sequenz oder sehr wenige Exemplare vorliegen, könnten diese per Zufall aussterben, bevor sie eine Chance hatten, sich zu reproduzieren. Deterministische Selektion hat also immer eine stochastische Anfangsphase, deshalb der zusätzliche Hinweis auf statistische Signifikanz. Das Entscheidende aber ist: Man nimmt an, daß die Mutante ihren Ursprung einem *zufälligen* Ereignis, einer statistischen Fluktuation, verdankt. Mit anderen Worten, jede Mutante erscheint mit einer Wahrscheinlichkeit, die unabhängig davon ist, ob es sich um eine vorteilhafte, neutrale oder minderwertige Variante handelt. Dies würde bedeuten: Vorteilhafte Mutanten treten äußerst selten auf. Bei dieser Art von Interpretation käme das Komplexitätsproblem, das mit Hilfe der Selektion gerade gelöst schien, zur Hintertür wieder herein[18]. Das zeigt erst richtig der quantitative Vergleich: Ein aus dreihundert Bausteinen zusammengesetztes Gen hat bereits $4^{300} \approx 10^{180}$ mögliche Sequenzalternativen. Unter diesen ist der überwiegende Anteil völlig untauglich, eine recht ansehnliche Menge partiell funktionstüchtig, und nur ein geringer Anteil codiert für eine optimale Funktion. In einer beliebigen Ausgangsverteilung werden daher relativ wenige (allenfalls) mäßig angepaßte Typen vorliegen. Durch weitere Mutation und selektive Stabilisierung der vorteilhaften Variante wird in ständiger Iteration schließlich die bestmögliche Zielstruktur erreicht. Der Abstand zur nächst besseren Variante wird dabei um so größer, je höher die Anforderungen sind, die an die Funktionserfüllung gestellt werden. So sähe das Ergebnis für ein einfaches Wechselspiel zwischen zufälliger Mutation und gesetzmäßiger Selektion aus. Es könnte allein dann zum Ziel führen, wenn mit Annäherung an das Optimum der Selektionswert monoton zunähme.

Wir wissen aber, daß dies nicht der Fall ist. Vielmehr müssen wir uns die Wertverteilung der Mutanten in einem gegebenen System wie eine Landschaft mit Ebenen, Hügeln und Hochgebirgen vorstellen. Der Selektionsmechanismus sorgt zwar dafür, daß der in der Ausgangsverteilung höchste Werthügel, der vorerst lediglich durch eine oder wenige Sequenzen repräsentiert ist, sogleich mit vielen Kopien besetzt wird und daß sich die Mutanten um diesen, fürs erste bestangepaßten und daher selektierten Wildtyp, gruppieren. Nun jedoch gerät das System in eine Zwangslage. Der noch nicht optimale Werthügel wird zur Falle. Die lokal fixierte Verteilung kann sich nur durch Mutationssprünge aus dieser Falle befreien und erreicht dabei bloß den nächst höheren Hügel. Bei willkürlicher Anordnung der Werthügel und statistisch zufälligen Sprüngen wäre das System letzten Endes wieder gezwungen, alle möglichen Alternativen durchzuspielen, und dabei erweist sich die Lokalisierung der Mutantenverteilung eher als hinderlich.

Das ganze Ausmaß dieses – schon zu Darwins Lebzeiten erahnten – Dilemmas wird erst sichtbar, wenn man einmal die Mutationswahrscheinlichkeiten quantitativ abschätzt. Für das genannte kleine Gen mit dreihundert Positionen ist beispielsweise die Mutationshäufigkeit für eine *bestimmte* Zehnfehler-Mutante nicht mehr als 10^{-30}. Ein solcher Zehnersprung kommt einem Informationsabstand gleich, der etwa drei Prozent der gesamten Genlänge ausmacht. Beginnt man mit einer zufälligen Bausteinabfolge, so müßte man sicherlich drei Viertel der Symbole substituieren, bevor man zu einer optimalen Sequenz gelangt. (Die angeführten Zahlen gelten für eine Fehlerrate von $3 \cdot 10^{-3}$ pro Symbol, wobei für jedes der dreihundert in der Ausgangssequenz vorliegenden Symbole drei alternative Besetzungsmöglichkeiten existieren.)

Die – in der klassischen Genetik gemachte – Annahme einer ziellosen Produktion von Mutanten hat nicht zuletzt ihren Ursprung in der Tatsache, daß der Prozeß sich im Verborgenen abspielt. Eine Mutante wird in einer Population erst dann sichtbar, wenn sie sich durch einen Vorteil ausweist und diesen in ihren phänotypischen Merkmalen, die sich hinreichend vom bislang dominierenden Wildtyp abheben müssen, zum Ausdruck bringt. Allein durch abstrakte Modelle war man in der Populationsbiologie zu dem Schluß gekommen, daß es auch viele neutrale Mutanten geben müsse, die sich kaum oder gar nicht vom Wildtyp unterscheiden. Motoo Kimura hat gezeigt, daß diese neutralen Mutanten mit einer von der Gesamtpopulationszahl unabhängigen Wahrscheinlichkeit hochwachsen und den vorher etablierten Wildtyp verdrängen. Ein derartiges Driften durch den Mutantenraum müßte einen wesentlichen Beitrag zum gesamten Evolutionsprozeß leisten[19]. Vor allem könnte es das System aus einer Selektionsfalle befreien, beispielsweise einem Wert-Plateau, das im Vergleich zum optimalen Gipfel nur mäßig hoch, dafür aber weit ausgedehnt ist.

Es wird sich herausstellen, daß es nicht bloß auf die Neutralmutanten ankommt, sondern daß auch die quantitative Festlegung der Populationszahlen aller Mutanten notwendig ist. In der klassischen Auslegung schien man darauf verzichten zu können. Die Formulierung »survival ot the fittest« deutet an, daß man ausschließlich an den Wildtyp, den bestangepaßten Individualtyp, dachte. Mutanten wurden als überlagerte statistische Fluktuationen angesehen, notwendig als Quelle des evolutiven Fortschritts, doch in der Mehrheit weder beobachtbar noch identifizierbar. Auf keinen Fall waren sie irgendwie voraussagbar oder gar beeinflußbar. Das überaus seltene Auftauchen einer vorteilhaften Mutante konnte somit als losgelöstes, reines Zufallsereignis betrachtet und durch einen entsprechenden ad hoc-Term im Ratenansatz formuliert werden. Für den heutigen Molekularbiologen sind aber Mutanten durch Klonieren nachweisbar und mit Hilfe der Sequenzanalyse zu identifizieren. Nunmehr ist es lohnend, die Frage zu stellen, wie die Mutantenverteilung im Detail aussieht. Der theoretische Ansatz muß also eine strenge Buchführung über das Schicksal jeder individuellen Sequenz einschließen. Die Ergebnisse einer solchen Rechnung brachten eine Überraschung. Sie erfordern eine vollständige Uminterpretation des Darwinschen Selektionsprinzips auf der molekularen Ebene und lassen die sogenannten neutralen Mutanten in einem völlig neuen Licht erscheinen.

Theorie und Experiment zeigen übereinstimmend, daß bei Viren der Wildtyp als Individuum in relativ geringem Anteil vorliegt und erst durch die mittlere Sequenz des Mutantenensembles makroskopisch eindeutig charakterisiert ist. Im Ensemble sind normalerweise insgesamt sehr viel mehr Mutanten als Wildtyp-Individuen präsent; wenngleich der Wildtyp die individuell häufigste Sequenz darstellt, so wird er doch von der Summe der Mutanten an Zahl weit übertroffen. Die individuelle Häufigkeit der Mutanten wiederum hängt von ihrem Verwandtschaftsgrad mit dem Wildtyp ab. Je geringer die Verwandtschaft mit dem Wildtyp ist, um so geringer wird die Wahrscheinlichkeit für eine direkte Erzeugung der betreffenden Mutante aus dem Wildtyp. Quantitativ wird dieser Zusammenhang durch eine Poissonsche Fehlerverteilung wiedergegeben. Diese gilt jedoch nur, wenn die Mutanten eine im Vergleich zum Wildtyp geringe Reproduktionsrate besitzen.

Die Verteilung wird dagegen – unter Umständen drastisch – modifiziert, wenn die Mutanten in der Lage sind, sich ebenfalls – mit ähnlicher Effizienz wie der Wildtyp – zu reproduzieren. Zunächst einmal erhöhen sich dadurch ihre stationären Populationszahlen. Sodann produzieren die Mutanten durch Fehlkopierung ihrerseits wieder Mutanten. Schließlich wird sogar eine vom Wildtyp relativ weit entfernte Mutante in großer Menge auftreten, vorausgesetzt ihre Vorläufer (bezogen auf den Wildtyp) reproduzieren sich fast ebenso effizient wie der Wildtyp. Ein derartiger Verstärkungseffekt kann viele Größenordnungen ausmachen. Ein Beispiel ist in Tafel 10 angegeben.

Die Erzeugung einer vorteilhaften Mutante, die im neodarwinschen Modell allein dem Zufall überantwortet war, ist jetzt durch folgende Kausalkette determiniert:

- Dem Wildtyp nahverwandte Mutanten werden primär durch Fehlkopierung des Wildtyps hervorgebracht. Es baut sich eine Poisson-Verteilung auf, in der enge Verwandte des Wildtyps relativ häufig auftreten.
- Selektiver Vorteil ist im allgemeinen nur bei größeren Mutationssprüngen zu erwarten. Diese erfolgen als statistische Fluktuationen äußerst selten.
- Die anfänglich – wertunabhängig erzeugte – Poisson-Verteilung wird durch Selektion modifiziert. Funktionstüchtige Mutanten, deren Selektionswerte dem des Wildtyps nahekommen, erreichen sehr viel höhere Populationszahlen als funktionsarme Varianten.
- Es baut sich dadurch ein asymmetrisches Mutantenspektrum auf, in dem auch weit vom Wildtyp entfernte Mutanten sukzessive aus Zwischengliedern entstehen. Das Spektrum wird entscheidend von der Strukturierung der Wertlandschaft geprägt.

- Die Wertlandschaft besteht aus zusammenhängenden Hügel- und Bergregionen. In den Bergregionen ist das Mutantenspektrum weit gestreut und es kommen auch entfernte Verwandte des Wildtyps mit endlicher Häufigkeit vor.
- Gerade in Bergregionen sind weitere selektiv vorteilhafte Mutanten zu erwarten. Sobald eine solche an der Peripherie des Mutantenspektrums auftaucht, bricht das vorherige Ensemble zusammen. Es baut sich ein neues um die vorteilhafte Mutante herum auf, die damit die Rolle des Wildtyps übernimmt.
- Die Besetzung der Grate des Wertgebirges mit wertvollen Mutanten lenkt den Evolutionsprozeß systematisch in die Richtung, in der ein höherer Wertgipfel mit größter Wahrscheinlichkeit zu erwarten ist. Dieser Umstand verhindert, daß eine Vielzahl von (wertlosen und neutralen) Sequenzen blindlings auf ihre Tauglichkeit durchgetestet werden muß.

Die beschriebene Kausalkette bedingt, daß die vorteilhaften Mutanten – aufgrund einer Art von Massenwirkung – mit um viele Größenordnungen höheren Wahrscheinlichkeiten erzeugt werden als die in vergleichbarem Abstand vom Wildtyp befindlichen wertlosen Mutanten, obwohl der Elementarprozeß der Mutation nach wie vor rein statistisch-zufälliger Natur ist. Es ist mithin keine magisch vorausschauende Kraft am Werke, sondern die Besetzung des Mutantenspektrums wird physikalisch und zwar durch »Massenwirkung« gesteuert. Diese lenkt den Prozeß gezielt in die Bergregionen der Wertlandschaft. Dabei gilt folgende Relation:

Ähnlichkeit in der Primärfolge der Bausteine in den Genen bedingt Ähnlichkeit in der Primärfolge der Bausteine in den Proteinen, den zur Bewertung anstehenden Funktionseinheiten. Ähnlichkeit in der Abfolge der Bausteine in den Proteinketten bedingt Ähnlichkeit in deren Faltungsstrukturen.

Ähnlichkeit in den Faltungsstrukturen bedingt Ähnlichkeit der funktionellen Eigenschaften und deren Effizienz. Diese Ähnlichkeitsrelation ist allerdings keineswegs durch eine einfache lineare Proportionalität gekennzeichnet. Ähnlichkeit der Primärstruktur muß nicht in jedem Falle Ähnlichkeit in der funktionellen Effizienz bedeuten. Es besteht lediglich ein gewisser kontinuierlicher Zusammenhang, analog einer Gebirgslandschaft, in der Höhen und Tiefen zwar weitgehend kontinuierlich ineinander übergehen, wo gelegentlich jedoch Steilwände und Schluchten auftreten.

Modelle der geschilderten Beschaffenheit sind sowohl quantitativ gerechnet als auch experimentell überprüft worden[20]. Unser Vorstellungsvermögen vermag mit der abstrakten Durchdringung kaum Schritt zu halten. In einer Sequenz mit ν Symbolen läßt sich a priori jede der ν Positionen mit mehr oder minder gleicher Wahrscheinlichkeit mutieren. Das ist genauso, als könne man von jedem Punkt aus in ν verschiedene Richtungen eines Raumes springen. Wir nennen diesen den Sequenzraum. Jeder der ν Koordinaten des Sequenzraumes sind diskrete Punkte – entsprechend den verschiedenen Besetzungsmöglichkeiten für jede der ν Positionen der Nucleinsäuresequenz – zugeordnet. Mutation in einer gegebenen Position heißt, von einem Punkt zu einem anderen innerhalb der jeweiligen Koordinate zu springen. Die Zahl diskreter Punkte in diesem Raum ist gleich der Gesamtzahl aller möglicher Sequenzen.

Das Konzept eines ν-dimensionalen Punktraumes für binäre (aus zwei Symbolen gebildete) Sequenzen (Tafel 12) wurde von Richard W. Hamming in die Informatik eingeführt und von Ingo Rechenberg für die Behandlung von Evolutionsproblemen vorgeschlagen[21]. Wollten wir uns in einem solchen Punktraum der Dimension ν zurechtfinden, so kämen wir uns vermutlich wie »Alice in the wonderland« vor. Für eine Binärsequenz mit dreihundertsechzig Positionen – das ist ein relativ kleines Gen –, also für eine Dimension ν = 360, ist es bereits ein schier unermeßlicher Raum, in dem wir unser gesamtes Universum Punkt für Punkt im Ångström-Maßstab kartieren könnten. Trotzdem braucht man maximal nur dreihundertsechzig Schritte, um den gesamten Raum zu durchmessen. Es gibt in diesem Raum keine größeren Distanzen, aber es geht dabei »um viele Ecken«, und man kann sich hier genauso verlieren wie in den unermeßlichen Weiten des Universums. Eine der charakteristischsten Eigenschaften des Sequenzraumes ist die ungeheure Verflechtung aller Routen miteinander. Das hilft wenig, wenn man ohne jede Orientierungshilfe umherirrt. Denn um eine bestimmte Position zu finden, müßte man praktisch alle Positionen absuchen. Orientierungshilfe leistet jedoch die Selektion. Sie ist an der Werttopographie orientiert und schränkt somit die Bewegungsfreiheit stark ein. Für ein zusammenhängendes Wertgebirge, dessen Höhen nicht willkürlich verteilt sind, sondern sich um einen oder mehrere Gipfel scharen, wandeln sich die Besonderheiten des ν-dimensionalen Raumes – nämlich kleine Abstände trotz großen Volumens sowie starke Verflechtung der Routen – in einen ungeheuren Vorteil. Das Ziel wird aufgrund der Wertorientierung praktisch direkt angesteuert und wegen der kleinen Abstände umgehend erreicht. Dennoch gibt es auch hier Grenzen, die einer ungehinderten Optimierung Einhalt gebieten. Sie schränken die maximale Länge der Sequenzen ein, erfordern eine der Länge angepaßte optimale Fehlerrate sowie Populationszahlen, die eine hinreichend weit gestreute Besetzung des Mutantenspektrums gewährleisten.

Sequenzraum und Quasispezies sind zwei neuartige Konzepte, mit deren Hilfe eine molekulare Selbstorganisationstheorie quantitativ formuliert werden konnte. Es ist eine dynamische Theorie, in der als zeitliche Variable die Populationszahlen von Nucleinsäuresequenzen fungieren und deren zeitliche Veränderungen durch Geschwindigkeitsparameter gesteuert werden.

Die Theorie beschreibt die Entstehung von Information, die in der Bausteinabfolge der Nucleinsäuresequenzen niedergelegt ist und deren Quantität in der Länge der Sequenzen zum Ausdruck kommt. Benötigt wird die Information für eine Optimierung der Selbstreproduktion unter gegebenen Umweltbedingungen. Sie koppelt dabei auf ihre eigene Erzeugung zurück. Diese Rückkopplungsschlaufe, die in der inhärent autokatalytischen Natur der Reproduktionskinetik begründet ist, sorgt für die selbstorganisierende Wirkung bei der Entstehung von genetischer Information.

Die neue Formulierung des Selektionskonzepts und dessen Anwendung auf molekulare Systeme unterscheiden sich deutlich von dem ursprünglichen Darwinschen Ansatz und seiner Ausgestaltung in der Populationsgenetik. Zielscheibe der Selektion ist nicht mehr der individuelle Wildtyp, der seinerseits wahllos Zufallsmutanten erzeugt. Objekt der selektiven Bewertung ist vielmehr das gesamte Mutantenensemble, das wir als Quasispezies bezeichnen. In dieser ist die dominante Mutante (der sogenannte Wildtyp) zwar noch immer die zahlenmäßig am stärksten vertretene Sequenz, doch macht sie nur einen geringfügigen Bruchteil der Gesamtmenge der Mutanten aus. Daß man sie dennoch durch Sequenzanalyse eindeutig bestimmen kann, liegt daran, daß sie zumeist mit der mittleren Sequenz – der Consensus-Sequenz – des Mutantenspektrums identisch ist. Das ist inzwischen durch Klonierung und Analyse einzelner Sequenzen aus verschiedenen Quasispezies – sowohl aus künstlich erzeugten RNA-Molekülverteilungen als auch aus natürlichen Virus-Mutanten-Spektren – experimentell belegt worden[16].

Der essentielle Unterschied zum neodarwinischen Konzept des Wechselspiels von Mutation = Zufall und gesetzmäßiger Selektion der vorteilhaften Mutante = Notwendigkeit, das die Evolution zum Durchspielen eines großen Teils aller möglichen Sequenzen zwingen und damit in den meisten Fällen über eine lokale Optimierung nicht hinausgelangen lassen würde, resultiert aus der Struktur der Quasispezies. Da die Quasispezies in ihrer Gesamtheit bewertet wird, hängen die individuellen Populationszahlen der Mutanten nicht mehr – wie im klassischen Bild – allein von ihrem Abstand zum selektierten Wildtyp, sondern zusätzlich von ihren individuellen Fitnesswerten sowie von deren Verteilung in der umgebenden Wertlandschaft ab. Neutrale oder nahezu neutrale Mutanten sind aufgrund ihrer effizienten Selbstreproduktion ungleich stärker vertreten als der Rest der Mutanten. Befindet sich eine wertvolle Mutante in einer Umgebung von wertvollen Mutanten, also in einer Bergregion der Wertlandschaft, so entsteht sie zusätzlich durch Fehlkopierung ihrer Nachbarmutanten. Dieser Selbstverstärkungseffekt verändert die individuellen Populationszahlen drastisch. Die mit steigendem Abstand von der dominanten Sequenz abnehmenden Populationszahlen werden dabei so moduliert, daß die Populationstopographie ein prononciertes, wenn auch verzerrtes Abbild der Werttopographie darstellt. Je mehr eine Mutante in ihrer Fitness der dominanten Sequenz gleicht, je mehr sie von weiteren, gleich wertvollen Sequenzen umgeben ist, um so größer ist ihre zahlenmäßige Präsenz.

Die Tatsache, daß die Mutantenverteilung asymmetrisch ist und bei hohem Fitnessgrad weit in den Sequenzraum hineinreicht, hat zwei Konsequenzen, die wir im klassischen Modell nicht vorfinden, ja die den Zufallscharakter der Mutantenerzeugung stark modifiziert.

Erstens ereignen sich die meisten im System vorkommenden Mutationen in den Bergregionen der Wertlandschaft, nämlich genau da, wo man im Evolutionsprozeß die optimalen Gipfel erwartet. Das System sucht mit großer Effizienz nach Mutanten in der Region, in der der Erwartungswert für eine vorteilhafte Mutante am höchsten ist. Singuläre Gipfel werden erst gar nicht angesteuert.

Zweitens wird ungezieltes Driften stark eingeschränkt, da wirklich neutrale Mutanten äußerst selten auftreten. Dies bedeutet nicht, daß es nicht viele Mutanten mit nahezu gleichem – auf den Wildtyp bezogen – Fitnesswert gibt. Da jedoch die Selektionsentscheidung ebenso von der Bewertung der Nachbarschaft abhängt, müßten wirklich neutral zu bewertende Mutanten nicht bloß in ihren individuellen Fitnesswerten fast übereinstimmen, sondern auch einander exakt entsprechende Nachbarschaften aufweisen. Das aber ist sehr unwahrscheinlich, und so wird es in makroskopischen Ensembles, die im allgemeinen aus 10^{10} oder mehr Sequenzen bestehen, extrem selten neutrale Entartungen der Populationsverteilungen geben. Im neuen Bild entfällt die Notwendigkeit einer Definition des Neutralitätsbegriffs. In der klassischen Neutral-Theorie blieb die Frage offen, wie groß der Unterschied in den Selektionswerten sein darf, damit zwei Sequenzen noch als neutral gelten können. Im Quasispezies-Modell wird jede Sequenz exakt nach ihrem Fitnessgrad – unter Berücksichtigung der Nachbarschaft – bewertet.

Mathematisch läßt sich Selektion durch ein Extremalprinzip formulieren. Es gilt allerdings nur unter gewissen Einschränkungen in bezug auf den Reproduktionsmechanismus, und doch erinnert Selektion an bekannte physikalische Phänomene, die ebenfalls durch Extremalprinzipien charakterisiert werden, etwa an das thermodynamische Gleichgewicht, das durch ein Maximum der Entropie beziehungsweise durch ein Minimum der freien Energie ausgezeichnet ist. Physikalisch bedeutet Selektion Lokalisierung des Mutantenspektrums in einer begrenzten Region des Sequenzraums. Da die Sequenzen Information repräsentieren, kann man auch von einer Kondensation im Informationsraum sprechen.

Die Fehlerschwellenbedingung[22] wird immer dann verletzt, wenn eine vorteilhaftere Mutante in Erscheinung tritt. Die bestehende Quasispezies wird destabilisiert, löst sich auf und kondensiert wieder in einer anderen Region des Sequenzraumes. Evolution ist damit durch eine Folge von Phasensprüngen gekennzeichnet. Sie vollzieht sich keineswegs völlig ziel- und regellos, denn *vorteilhafte* Mutanten treten mit größter Wahrscheinlichkeit in den Bergregionen der Wertlandschaft auf. Eine derartige »Vorprogrammierung« hängt natürlich von der Populationsgröße ab. Sie spielt sich auf mikroskopischer Ebene ab, ist aber trotzdem in einem gewissen Maße determiniert. In einer solchen Zielgerichtetheit des Evolutionsprozesses kommt vielleicht am ehesten die Wandlung des Darwinschen Weltbildes zum Ausdruck.

Jemand, der gewohnt ist, Darwin weltanschaulich auszulegen, wird sich schwerlich von dieser neuen Interpretation überzeugen lassen. Er wird ihr sein gewohntes Weltbild entgegenhalten, das – dialektisch gesehen – natürlich eine mögliche Alternative bietet. Aber unsere Argumentation ist nicht dialektisch. Deshalb ist zweierlei wichtig: Einmal, Behauptungen müssen logisch, das heißt *letztlich* mathematisch begründbar sein, und zum anderen, die sich aus der Theorie ergebenden Konsequenzen müssen sich von denen anderer Modelle unterscheiden und experimentell nachprüfbar sein. Was die mathematische Untermauerung anbelangt, so ist sie auf das »Wenn-dann«-Verhalten des Systems beschränkt. Sie geht von fixierten Randbedingungen aus und zeigt, was daraus unweigerlich folgen muß. Insofern spiegelt ein mathematisches Modell nicht unmittelbar die Realität wider, sondern es stellt immer eine Abstraktion von der Wirklichkeit dar. Darum ist es wichtig, sich von der Relevanz der gemachten Randbedingungen in der Wirklichkeit – durch Beobachtung der realen Prozesse – zu überzeugen. So gesehen, sagt unsere Interpretation lediglich aus: *Wenn* Selektion aus unterschiedlicher Effizienz der Reproduktion resultiert, *dann* geschieht das im Sinne des Quasispezies-Modells und nicht so, wie man es sich aufgrund des einfachen Wildtyp-Modells vorgestellt hat. *Wenn* Evolution auf der Grundlage natürlicher Selektion stattfindet, *dann* ist sie auch wertorientiert.

Erst die mathematische Formulierung zeigt uns darüber hinaus die Grenzen auf. Voraussetzung des genannten »Wenn-dann«-Verhaltens ist eine hinreichend große Population. Diese Bedingung ist mit Populationszahlen $>10^{10}$ bei Molekülen, Viren und Mikroorganismen durchweg erfüllt. Eine weitere Voraussetzung liegt in der Längenabgrenzung des Genotyps. Sie ermöglicht es – bei gegebener Populationsgröße –, eine genügende Zahl von Quasispezies-Zuständen reproduzierbar zu besetzen. Was die wirklichkeitsnahe Relevanz anbelangt, so konnte sie an RNA-Viren überprüft werden. Mit diesen und anderen »synthetischen« Systemen ließen sich auch Experimente unter definierten Randbedingungen ausführen, die die Voraussagen der Theorie quantitativ bestätigten.

Die wesentliche Kritik am Darwinschen Konzept bezog sich auf den Anspruch, daß jenes die gesamte Evolution erklären wollte. In der Entwicklung des Lebens vom Molekülsystem bis hin zum Menschen sind jedoch viele Stufen der Organisation durchlaufen worden, von denen manche darwinischer, viele dagegen grundlegend anderer Natur waren. Da die Erhaltung aller lebenden Systeme auf Reproduktion basiert, spielt Selektion auf allen Stufen eine Rolle. Doch kommt sie infolge verschiedenartiger Organisationsmechanismen in mannigfaltiger Weise zum Ausdruck, manchmal als Koexistenz oder gar Kooperation, manchmal als Konkurrenz und Auslese bis hin zur nicht mehr revidierbaren »Ein-für-allemal«-Entscheidung.

Quantitative Abschätzungen sowie an Modellsystemen ausgeführte Experimente legen nahe, daß die beschriebene Art der molekularen Optimierung bei einer Sequenzlänge von hundert bis tausend Bausteinen ihre natürliche Grenze gefunden hat. Das bedeutet, daß die Optimierung individueller Gene zweckmäßigerweise vor ihrer Integration zu einem Riesenmolekül, dem Genom, erfolgte. In einer Bakterienzelle macht das einzelne Gen weniger als ein Tausendstel des gesamten Informationsgehaltes aus, während die Fehlerrate auf die (tausendfache) Länge des gesamten Genoms adaptiert ist. Bei so kleiner Fehlerrate könnte eine Optimierung nur sehr langsam voranschreiten.

Leibniz schreibt in seiner »Theodizee«: »Wenn es unter den möglichen Welten keine beste (optimum) gäbe, dann hätte Gott überhaupt keine hervorgebracht.« Diese Aussage scheint zumindest auf die Welt der Gene, auf die molekulare Ebene der Organisation des Lebens, zuzutreffen.

8. Unter welchen natürlichen Voraussetzungen kann Leben entstehen?

»Irgendwann mußte die Teilung zu ›Einheiten‹ führen, die, zwar zusammengesetzt, aber noch nicht organisiert, zwischen Leben und Nichtleben vermittelten, Molekülgruppen, den Übergang bildend zwischen Lebensordnung und bloßer Chemie.«

Selbstreproduktion und Mutagenität haben wir als Voraussetzungen für die selektive Entstehung der Information des Lebens, für die Organisation einer sich ständig optimierenden Funktionalität makromolekularer Strukturen, erkannt.

Wie aber sind die *ersten* selbstreproduzierenden Moleküle wirklich entstanden? Das ist natürlich eine Frage, die sich auf den historischen Zusammenhang bezieht. Allerdings können wir in diesem Falle nicht leicht den prinzipiellen vom historischen Aspekt trennen. Prinzipiell möchten wir wissen: War die Chemie in der Frühzeit unseres Planeten reichhaltig genug, um eine Synthese aller für das Leben notwendigen chemischen Bausteine zu gewährleisten? Zu diesen zählen vorrangig die natürlichen Aminosäuren (die monomeren Untereinheiten der Proteine), sodann die Nucleobasen A, T (U), G und C und die Phosphorsäureester der Zucker (Ribose oder Desoxyribose), aus denen sich die Nucleinsäuren zusammensetzen, sowie die Kohlenhydrate und Fette. Kurzum, das gesamte Arsenal der sogenannten »organischen« Chemie ist gesucht. Die oben gestellte Frage angesichts unserer Kenntnis der organischen Chemie pauschal mit ja beantworten hieße, ihre Grundsätzlichkeit in Abrede stellen. Wollten wir das Ja nämlich im einzelnen begründen, so hätten wir am Ende mehr Antworten, als wir gebrauchen können. Wir wissen in vielen Fällen, wie es gewesen sein könnte, aber nicht, wie es gewesen ist. So bleibt es nicht aus, daß sich Meinungen herausbilden, die manchmal gar den Charakter von Weltanschauungen tragen.

Da gibt es zunächst die Frage, wer kam zuerst, die Proteine oder die Nucleinsäuren – eine moderne Version des Henne-Ei-Problems der Scholastiker. Zweifellos sind es die Proteine, die sich chemisch leichter bilden können und die deshalb vermutlich zuerst da waren. Aber es handelte sich bei diesen noch nicht um instruierte Proteine; man bezeichnet sie deshalb als Proteinoide. Stanley Miller[22] hat im Anschluß an sein (als Schüler von Harold Urey ausgeführtes) klassisches Ursynthese-Experiment gezeigt, daß Aminosäuren unter einer Vielfalt von Versuchsbedingungen aus einfachen Grundstoffen wie Wasser, Stickstoff, Ammoniak, Blausäure, Methan usw. entstehen. Wichtig ist, daß man dem Reaktionsgemisch Energie – beispielsweise durch elektrische Entladung, Stoßwellen oder in chemischer Form – zuführt. Überzeugend für die Relevanz solcher Experimente ist nicht so sehr die Tatsache, daß Aminosäuren sich überhaupt bilden, sondern daß ihre relativen Häufigkeiten denen in der Natur entsprechen, unter anderem den Häufigkeiten der in Meteoriten gefundenen organischen Verbindungen. Die Aminosäurezusammensetzung der Proteine in lebenden Organismen spiegelt ebenfalls diese in Experimenten erhaltenen Häufigkeitsverhältnisse wider. Sidney W. Fox[23] hat darüber hinaus gezeigt, daß Aminosäuren unter Bedingungen, die ohne weiteres im präbiotischen Stadium realisierbar waren, zu proteinähnlichen Substanzen kondensieren. Seine Proteinoide zeichnen sich durch eine große Varietät – wenngleich schwach ausgebildeter – katalytischer Eigenschaften aus.

Es können sich also vielerlei nieder- und hochmolekulare Reaktionsprodukte während der präbiotischen Phase gebildet und in großen Mengen in gelöster Form in den Wasserreservoiren angesammelt haben. Ebenso ist anzunehmen, daß sich unter diesen Substanzen auch solche befanden, die – insbesondere im Kontakt mit Grenzflächen – bedeutende katalytische Fähigkeiten entwickelt haben. Aus unserer Kenntnis des Immunsystems, das für jede denkbare Molekülform einen spezifisch angepaßten Antikörper, ein Protein mit hoher Bindungsaffinität, aufzubauen in der Lage ist, müssen wir folgern, daß schon in der präbiotischen Phase für nahezu alle Reaktionen katalytisch aktive Proteinoide existierten. Diese Katalysatoren waren allerdings weder optimal noch als solche optimierbar. Die Optimierung bedarf eines auf Selbstreproduktion basierenden, evolutiven Anpassungsprozesses. Nichtsdestoweniger ist es wahrscheinlich, daß einige dieser Proteinoide sich bereits durch eine gewisse Stereospezifität auszeichneten, mit deren Hilfe sie rechts- und linkshändige Enantiomere zu unterscheiden vermochten. Unser Problem ist wiederum, aus den vielen möglichen Wegen die historisch relevanten herauszufinden.

Für die Nucleinsäuren gibt es ebenfalls eine Vielzahl von Entstehungsmöglichkeiten, insbesondere wenn man die Existenz von katalytisch aktiven Proteinoiden in Betracht zieht. Leslie Orgel[24] zeigte in einer Serie höchst eindrucksvoller Experimente, daß schon unter einfachen Versuchsbedingungen Nucleinsäuren nicht bloß aus energiereichen Bausteinen polymerisieren und dabei Molekülketten mit bis zu über hundert Monomeren aufbauen, sondern daß diese sogar ohne Mitwirkung von Enzymen, ganz allein durch Matrizenwirkung, ihre eigene Synthese instruieren. Metallionen wie Zink und Magnesium erweisen sich für eine solche Synthese als potente Katalysatoren. Es ist interessant, daß die genannten Metallionen in vielen der DNA- und RNA-polymerisierenden Enzyme eine analoge Rolle spielen.

Die Suche nach einem Katalysator für die RNA-Synthese, einer präbiotischen Polymerase, ist vielleicht einer der wesentlichen Teilaspekte des in der Überschrift zu diesem Kapitel angesprochenen Fragenkomplexes. Die heutigen Polymerasen – Enzymkomplexe, die sich zumeist aus mehreren Untereinheiten zusammensetzen – sind optimale Endprodukte der Evolution. Sie zeigen, daß eine stereospezifisch korrekte Synthese der Nucleinsäuren aus energiereichen Bausteinen nicht nur möglich ist, sondern durch relativ wenige und in der Natur weit verbreitete Wirkgruppen bewerkstelligt werden kann, wenn diese in geeigneter Weise in einem aktiven Zentrum des Protein-Moleküls angeordnet sind. Die Zeit, die pro Monomer dafür benötigt wird, liegt in der Größenordnung von hundertstel bis tausendstel Sekunden. Daraus folgt, daß es natürlich eine Vielzahl einfacherer Katalysatoren geben muß, die – wenn auch mit größerem Zeitaufwand – Gleichwertiges zustande bringen. Interessant ist in diesem Zusammenhang die kürzlich gemachte Beobachtung, daß einsträngige Ribonucleinsäuren sich so falten können, daß daraus leistungsfähige Enzyme entstehen, deren sich die Natur noch heute bedient. Man hat diese Katalysatoren in Anlehnung an den Begriff Enzym als Ribozyme bezeichnet. Die Reaktionen – es handelt sich im wesentlichen um ein gezieltes Aufschneiden von Nucleinsäuresträngen, ein sogenanntes Spleißen – unterliegen ähnlichen chemischen Voraussetzungen wie die Polymerisation. Ja, es ist bekannt, daß Polymerasen sich durchweg als Katalysatoren für die Aufspaltung oder Hydrolyse der Nucleinsäurekette eignen. Ob dies bedeutet, daß Nucleinsäuren in der Lage waren, ohne Unterstützung durch Proteine oder proteinähnliche Substanzen zu evolvieren, kann aus diesem Befund nicht abgeleitet werden. Es handelt sich wieder um eine historische Fragestellung, die auf diesem Wege nicht ohne weiteres zu klären ist. Allerdings wissen wir nun, daß viele Möglichkeiten der katalytischen Beeinflussung von Polymerisationsreaktionen existieren. Auch unter den stereospezifisch aktiven Katalysatoren mag es einfache, möglicherweise rein anorganische Vorläufer geben, die – ähnlich wie, doch weniger erfolgreich als die Enzyme – aus einem bunten Gemisch bestimmte energiereiche Bausteine auswählen und zu einer polymeren Kette verknüpfen. Die Häufigkeiten der dabei entstehenden Polymerklassen lassen sich nicht aus Gleichgewichtsdaten eruieren, denn die Reaktionen finden weitab vom Gleichgewicht statt und hängen kritisch von spezifischen Versuchsbedingungen ab. Die Polymere selbst stellen – wie im Lebensprozeß – nur metastabile Zwischenstufen von begrenzter Lebensdauer dar, deren endgültiges Schicksal im wäßrigen Milieu die Hydrolyse zu energiearmen Monomeren ist. Ebenso repräsentierten die frühesten Vorläufer des Lebens – wie alle Lebewesen heute – dynamische Systeme weitab vom Gleichgewicht.

Für die verschiedenen Bausteine der Nucleinsäuren sind Synthesewege bekannt, die unter präbiotischen Bedingungen durchaus realisierbar waren. Am leichtesten und auf vielfältige Weise läßt sich das Adenin, der Nucleinsäurebaustein A, synthetisieren, unter anderem durch bloße Kondensation von Cyanwasserstoff. Der Baustein G (Guanin) kann als umgelagertes Oxydationsprodukt von A aufgefaßt werden und entsprechend auf unmittelbaren Synthesewegen entstehen. Schwieriger ist es, an die beiden komplementären Pyrimidin-Bausteine U (Uracil) bzw. T (Thymin) und C (Cytosin) heranzukommen. U ließ sich – natürliche Reaktionsbedingungen vorausgesetzt – bisher allein durch Oxydation von C gewinnen, für das ein präbiotisch möglicher Syntheseweg gefunden wurde[25]. In nicht-wäßrigem Milieu gibt es, wie Albert Eschenmoser zeigen konnte, andere sehr elegante Syntheseverfahren für alle vier Nucleobasen[25].

Mit an Sicherheit grenzender Wahrscheinlichkeit lagen die vier Bausteine während ihrer chemischen Entstehungsphase in höchst unterschiedlichen Konzentrationen vor. Ein großer Überschuß von A ist wegen des einfachen Syntheseweges anzunehmen. Eine ungehemmte Vermehrung von A-reichen Polymeren war hingegen – bedingt durch die anfängliche Seltenheit von U – stark eingeschränkt. Ein A-Strang instruiert nämlich zunächst die Bildung eines U-Stranges und reproduziert sich erst durch die vom komplementären U-Strang vermittelte Matrizenwirkung – analog der Photographie, in der eine Reproduktion über das Negativ erfolgt (siehe Tafel 4). G und C könnten in ausgewogenem Mengenverhältnis vorgelegen und deshalb bessere Startbedingungen für eine matrizengesteuerte Vervielfältigung gehabt haben. Das durch drei Wasserstoffbrücken verknüpfte GC-Paar ist ungefähr zehnmal so stabil wie das durch zwei Wasserstoffbrücken zusammengehaltene AU-Paar. Die Stabilität der komplementären Paarbindung spielt eine wichtige Rolle, denn der neugebildete Strang muß solange an der Matrize haften bleiben, bis die Nachricht komplett kopiert ist[26].

Berechnungen der notwendigen Bindungsenergien, wie auch einschlägige Bindungs- und Synthese-Experimente, zeigen, daß am ehesten G- und C-reiche Sequenzen in Abwesenheit adaptierter Enzyme in der Lage waren, sich vermittels Matrizenwirkung zu vermehren. In diese Richtung deuten ebenfalls historische Befunde. Die Rekonstruktion der Vorläufersequenzen von Transfer-Nucleinsäuren ergibt einen sehr hohen GC-Gehalt[5]. Die Transfer-Nucleinsäuren zählen zu den ältesten Molekülen, die wir in der heutigen Zelle antreffen. Sie haben ihre Zusammensetzung im Verlaufe der Evolution relativ geringfügig verändert. Mensch und Krallenfrosch *(Xenopus laevi)* weisen bei einer Reihe von tRNA-Molekülen noch identische Sequenzen auf.

Gleichermaßen deutet der genetische Code (Tafel 8) an, daß seine ersten Codonen reich an G und C waren. GGC und GCC codieren für die in Stanley Millers Versuchen am häufigsten erscheinenden – weil chemisch einfachsten – Aminosäuren Glycin und Alanin. Ähnliches gilt für die weiteren Zuordnungen, die an das durch den ersten und dritten Buchstaben im Codewort festgelegte Leseraster anknüpfen mußten. Die Behauptung, daß die ersten Verknüpfungen von Codewörtern mit Aminosäuren mit den jeweils in größter Häufigkeit vorliegenden Monomeren starteten, ist einleuchtend. Die Logik des Codeschemas resultiert also aus physikalischen beziehungsweise chemischen Gegebenheiten und ihrer Realisierung in der Natur.

Bemerkenswert ist darüber hinaus die strukturell begründete Logik des molekularen Apparates für die Informationsübermittlung. Wegen der unterschiedlichen Häufigkeiten der Nucleobasen ist komplementäre Reproduktion notwendige Voraussetzung für Informationsspeicherung. Bei einem unmittelbar identisch selbstreproduzierenden System würden Homopolymere des am häufigsten vorkommenden Bausteines dominieren. In einer bloß *eine* Symbolklasse enthaltenden Sequenz läßt sich keine Nachricht speichern. Komplementäre Reproduktion sorgt nicht nur für die Einführung des notwendigen zweiten Symbols, sie stellt zudem sicher, daß die beiden komplementären Symbole trotz unterschiedlicher Konzentration der Monomere in den Polymeren letzten Endes mit gleicher (mittlerer) Häufigkeit erscheinen. Jeder Überschuß des einen bedingt im komplementären Strang einen entsprechenden Überschuß des anderen. Daraus resultiert eine gesetzmäßige Tendenz, die auf eine möglichst gleichförmige Mischung abzielt. Außerdem besteht ein durch die Kinetik bedingter Selektionsdruck, beide komplementären Stränge so gleich wie möglich zu gestalten.

Man mag nun fragen, warum die Natur sich nicht mit zwei Symbolen begnügt hat, sondern deren vier braucht? Wie wir von unseren Fernschreib- oder Rechenautomaten wissen, sind zwei Symbole für die Fähigkeit zur Informationsspeicherung vollkommen ausreichend. Wir können uns beim Maschinencode eine derartige Sparsamkeit leisten, da wir vom Menschen konstruierte Lesevorrichtungen und Übertragungsapparaturen benutzen. In der frühen Evolution aber existierte keine derartige Maschinerie. Zur differenzierten Nachrichtenverarbeitung bedurfte es unterschiedlicher struktureller Stabilitäten der verschiedenen Nucleinsäuresequenzen. Mit einem einzigen Komplementärpaar besäßen sämtliche Sequenzen zwar eine möglicherweise sehr hohe, jedoch weitgehend homogene Stabilität. Sie offerieren einer informationsverarbeitenden molekularen Maschinerie kaum Unterscheidungsmerkmale. Zwei Komplementärpaare dagegen besitzen mit ihren vielen Kombinationsmöglichkeiten eine große Palette unterschiedlicher Stabilitäten und liefern damit ein riesiges und ausdrucksstarkes Repertoire an Unterscheidungsmerkmalen. Adäquate Überlegungen lassen sich für den Aufbau der Codewörter und ihre Zuordnungen im genetischen Code anstellen und durch Untersuchungen an Modellsystemen belegen.

Natürlich gibt es – und zwar nicht nur in bezug auf die historischen Rahmenbedingungen – noch viele offene Fragen, zum Beispiel: Auf welcher Ebene wurde die Händigkeit oder Chiralität der biologischen Makromoleküle entschieden? Wir wissen, daß alle Proteine – soweit sie durch den informationsgesteuerten Syntheseapparat der Zelle produziert werden – ausschließlich von »links-händigen« Aminosäuren Gebrauch machen und daher links-gewendelte Strukturen aufbauen. Bei den Nucleinsäuren sind es die »rechtshändigen« Monomere, die ausgewählt wurden, die allerdings sowohl rechts- als auch links-gewendelte Doppelspiralen ausbilden.

Es ist sehr wohl einzusehen, daß ein selektiver Mechanismus das eine oder andere Extrem aus einer zufälligen Mischung vorziehen wird, allein schon deshalb, weil eine stereospezifisch funktionierende Maschinerie einfacher zu konstruieren ist als eine solche, die ihre Stereospezifität ständig umpolen muß. Da Leben das Ergebnis eines evolutiven Prozesses ist, in dem in gewissen Phasen sehr strikte »Ein-für-allemal«-Entscheidungen getroffen wurden, braucht es uns nicht zu verwundern, daß die Chiralität der Makromoleküle in allen Lebewesen universell fixiert ist. Ja, wir sind nicht einmal sicher, ob es überhaupt sinnvoll ist zu fragen, warum in dem einen Fall »links« und im anderen »rechts« zur Selektion gelangte. Selbst wenn es a priori keine physikalische Begründung dafür gibt, wenn lediglich eine zufällige Schwankung temporär eine der beiden im Prinzip gleichberechtigten Möglichkeiten begünstigte, so würde der selbstverstärkende

Charakter des Selektionsprozesses für einen Symmetriebruch und die Festschreibung der zufällig getroffenen Entscheidung sorgen. Die Ursache wäre in der Tat eine rein »historische«.

Wie aber konnten überhaupt in einer racemischen, das heißt, die Rechts- und Links-Formen in gleichen Mengen enthaltenden, Umwelt die ersten makromolekularen Sequenzen entstehen? Die bisher untersuchten enzymfreien Modellsysteme bauen matrizengesteuert Nucleinsäuren ausschließlich aus chiral reinen Monomeren auf, wobei der jeweilige Antipode die Reaktion hemmt. Eine mögliche Antwort wäre, daß es bereits primitive stereospezifische Katalysatoren gab, die jeweils nur die eine *oder* die andere Form bevorzugten, und daß Selektion in einer späteren Phase das übrige tat. Die präbiotische Umwelt war ja mit Proteinoiden und vielen anderen komplexen chemischen Verbindungen angereichert. Grenzflächen von Mineralien mögen ebenfalls eine auswählende Rolle gespielt haben. Eine andere, wenngleich weniger wahrscheinliche Erklärung wäre ein Symmetriebruch auf niedermolekularer Ebene, der – zumindest in gewissen Bezirken unseres Planeten – für eine chiral reine Umwelt gesorgt hätte. Eine dritte – chemisch gut fundierte – Möglichkeit wurde sowohl von Albert Eschenmoser als auch von Leslie Orgel erwogen: Die chiralen Nucleinsäuren mögen nichtchirale Vorläufer gehabt haben. Der chirale Bestandteil der Nucleinsäure ist der Zucker (Ribose bzw. Desoxyribose). Es wäre denkbar, daß dieser erst in einem späteren Stadium der chemischen Evolution aus einer achiralen Verbindung entstanden ist. Unter Benutzung von komplementären Basen hätte ein achiraler RNA-Vorläufer bereits die Fähigkeit zur Reproduktion, damit ebenfalls zur Selektion und Evolution besessen. Die heutige Form wäre demnach ein optimales Endprodukt der chemischen Evolution.

Hier gibt es eher ein Zuviel als ein Zuwenig an Antworten. Wir stehen nicht etwa vor irgendeinem Paradoxon, für das es keine Erklärungsmöglichkeiten gäbe. Das Problem ist, daß

Physik und Chemie ein Überangebot an alternativen Erklärungen bereit halten. Obwohl Forschergruppen in aller Welt an Fragestellungen dieser Art arbeiten, sind bisher nur wenige der möglichen Mechanismen im Detail experimentell untersucht worden[27].

Die Chemie der frühen Evolution ist für alles Leben auf unserem Planeten verbindlich. Es ist geradezu überraschend, wie konservativ der Evolutionsprozeß in bezug auf den Chemismus ist. Das zeigt sich ganz besonders da, wo Abwandlungen wegen systemimmanenter Bedingungen oder äußerer (Umwelt-)Veränderungen notwendig waren und daher erzwungen wurden. Ein Beispiel dafür ist die Begrenzung im Informationsgehalt einzelsträngiger Sequenzen infolge der limitierten Genauigkeit bei der Informationsübertragung. Der Wechsel zu doppelsträngigen Sequenzen ermöglichte ein Korrekturlesen nach der Replikation und ließ damit eine Vergrößerung des Informationsgehaltes zu. Chemisch kam das in der Substitution der Ribonucleinsäure (RNA) durch die Desoxyribonucleinsäure (DNA) zum Ausdruck. Sowohl Stoffwechsel als auch Reproduktion der DNA bezeugen diese Verlagerung noch heute. Sol Spiegelman hat das einmal so ausgedrückt: Die DNA hat es bis auf den heutigen Tag nicht gelernt, sich selbst zu reproduzieren. Sie braucht in der Anfangsphase der Replikation immer noch die Hilfestellung der RNA als Reaktionsstarter, und ihre Bauelemente werden im Stoffwechsel der Zelle durch Abwandlung der RNA-Bausteine erzeugt[28].

Ein Paradebeispiel für eine von außen erzwungene Modifikation chemischer Mechanismen ist der durch die Veränderung der Atmosphäre bedingte Übergang von anaerobem zu aerobem Stoffwechsel, der sich erst vor circa zwei Milliarden Jahren vollzog. Obwohl es noch keine einhellige Erklärung für die genaue Zusammensetzung der Ur-Atmosphäre gibt, steht außer Zweifel, daß sie anfangs keinen freien Sauerstoff enthielt. Die Atmosphäre war auf keinen Fall oxydierend.

Jeglicher Sauerstoff lag in gebundener Form wie H_2O (Wasser) und CO_2 (Kohlensäure) vor. Schwieriger zu entscheiden ist, in welchem Ausmaß die Atmosphäre reduzierend, das heißt, wie groß der Anteil an freiem Wasserstoff war. Die allerersten Lebewesen mußten die Energie für ihren Metabolismus aus der Vergärung unorganisch entstandener, energiereicher Verbindungen beziehen. Demzufolge war die Ergänzung des Energievorrates eine der primären Anforderungen an die Evolution. Unter diesem Selektionsdruck entstanden anaerobe photosynthetisierende Bakterien, die die Sonnenenergie in großem Maße ausnutzten. Ihnen folgten die ebenfalls photosynthetisierenden Cyanobakterien, und diese sind wiederum die Vorläufer der Chloroplasten, der Kraftwerke der grünen Pflanzenzellen[29]. Von den Cyanobakterien wurden im Laufe der Zeit große Mengen von Sauerstoff freigesetzt. Er oxydierte das in den Ozeanen gelöste Eisen, das dabei in massiven Bändern präzipitierte und damit den Oxydationsprozeß historisch manifestierte. Erst allmählich breitete sich freier Sauerstoff in der – zuvor neutralisierten – Atmosphäre aus.

Es hat also schon einmal eine Phase gegeben, in der das Leben gleichermaßen von der Umwelt wie die Umwelt vom Leben geprägt wurde. Das Erscheinen des Sauerstoffs in der Atmosphäre führte zur Ausbildung einer Ozonschicht, die die ultraviolette Strahlung ausfilterte und die für die Existenz heutiger Lebensformen unerläßlich ist. Der freie Sauerstoff wurde letztlich nicht nur toleriert, sondern zu einer Verbesserung des Stoffwechsels herangezogen. Chemisch gesehen ist der Atmungsprozeß eine Umkehrung der Photosynthese, die Sauerstoff verbraucht und dabei Kohlensäure sowie Energie in Form von Adenosintriphosphat produziert. In der Evolution des aeroben Metabolismus mußten freilich viele neue Reaktionswege erschlossen werden – beispielsweise der Zitronensäurezyklus; nichtsdestoweniger stellten sie lediglich Modifikationen des Bestehenden dar. Sie gingen von dem

Vorhandenen aus, indem sie bei der Gärung anfallende Abfallstoffe weiter verwendeten. Sie bedienten sich der gleichen Ausgangssubstanzen (Kohlenhydrate) und speicherten die gewonnene Stoffwechselenergie in energiereichen Phosphatbindungen. Diese Mechanismen setzten sich durch, weil sie unvergleichlich effizienter waren und die vorhandenen Ressourcen besser ausnutzten. Die Energieverwertung ist bei der Atmung achtzehnmal so groß wie bei der Gärung. Die evolutive Verwandtschaft beider Prozesse zeigt sich darin, daß viele aerobe Zellen nach wie vor in der Lage sind, bei Sauerstoffmangel auf einen Gärungsmetabolismus umzuschalten.

In diesem Kapitel ist von den notwendigen Milieubedingungen einer natürlichen Lebensentstehung die Rede. Wir können solche Bedingungen angeben und experimentell testen. Aber wir wissen nicht, ob gerade diese Prozesse historisch erfüllt waren und ob es nicht andere, uns nicht bekannte Mechanismen gibt, die Gleiches leisten. So mag das historische Detail der Lebensentstehung weitgehend im Dunkeln bleiben.

Die Voraussetzungen für den Ablauf der Biosynthese in der lebenden Zelle sind sehr komplex. Das heißt, die Prozesse sind sehr störanfällig. Gab es im präbiotischen Milieu je störungsfreie Bedingungen, unter denen die natürliche Evolution in Gang kommen konnte? Wiederum fragen wir nach einem historischen Sachverhalt. Um die Frage wenigstens im Prinzip bejahen zu können, müßte man auf katalytische Mechanismen verweisen können, die unter realistischen natürlichen Bedingungen arbeiten. Daran wird intensiv in mehreren Laboratorien geforscht.

Wie sieht es nun mit einem Gegenbeweis aus? Ein solcher Beweis – etwa im Sinne eines »Beweises für die Unmöglichkeit der Konstruktion eines Perpetuum mobile« – läßt sich im Falle der evolutiven Lebensentstehung nicht führen. Er wurde versucht; man ging jedoch von falschen Prämissen aus, nämlich von der ständigen Einhaltung des thermodynamischen Gleichgewichts. Leben ist ein notorisches Nichtgleichgewichtsphänomen! Die präbiotischen Prozesse, die zur Entstehung genetischer Information führten, mußten sich weitab vom chemischen Gleichgewicht der informationsspeichernden Nucleinsäuremoleküle vollziehen; die Hydrolyse hätte sonst die Speicherung von Information zunichte gemacht. Der Ablauf der Nucleinsäurepolymerisation im Nichtgleichgewicht läßt sich im Laboratorium unter verhältnismäßig einfachen Versuchsbedingungen gut reproduzieren.

Um die Frage einer natürlichen Lebensentstehung verneinen zu können, müßte man alle historisch möglichen Randbedingungen kennen und zeigen, daß es keinen katalytischen Mechanismus gibt, der auch nur unter *einer* dieser Bedingungen wirksam wäre. Ein derartiger Ausschlußbeweis ist wegen der Vielfalt alternativer Mechanismen und Randbedingungen nicht denkbar, wohl aber seine Widerlegung. Man brauchte hierzu bloß einen einzigen funktionierenden Mechanismus vorzuweisen. Die Biosynthese der lebenden Zelle allein schon bietet einen solchen Mechanismus an. Er ist zwar komplex, im Rahmen unseres physikalischen und chemischen Wissens indes vollkommen interpretierbar. Das soll nicht besagen, daß in diesem Bereich alles hinlänglich erforscht wäre, sondern damit ist gemeint, daß das, was bereits gefunden wurde, nicht rätselhaft ist, sondern sich ohne weiteres physikalisch und chemisch erklären läßt. Aufgrund unserer Erkenntnisse ist es wahrscheinlich, daß es auch einfachere – weniger wirksame – Mechanismen gibt, die unter natürlichen präbiotischen Bedingungen realisierbar waren. Die Rekonstruktion von Nucleinsäuresequenzen aus den Anfängen der Lebensentstehung, wie sie im zweiten Kapitel ausführlicher beschrieben wurde, legt nahe, daß die Optimierung des Biosynthese-Instrumentariums in einer frühen Phase der Evolution innerhalb eines relativ kurzen Zeitraumes vonstatten ging. Die historischen Zeugnisse, die jede lebende Zelle in sich trägt, deuten auf eine kontinuierliche Evolution der molekularen Mechanismen. Die Chemie, die wir in lebenden Organismen vorfinden, ist im Prinzip identisch mit der, die wir in unseren Laboratorien betreiben[30].

9. Die Stufenleiter der Organisation[31]

»Zwischen der scheinfüßigen Amöbe und dem Wirbeltier war der Abstand geringfügig, unwesentlich im Vergleich mit dem zwischen der einfachsten Erscheinung des Lebens und jener Natur, die nicht einmal verdiente, tot genannt zu werden, weil sie unorganisch war.«

Drei Schlußfolgerungen lassen sich aus den vorangehenden Ausführungen ziehen:

- Die im Lebensprozeß konservierten historischen Zeugnisse legen eine sukzessive Entstehung von Leben auf der Erde, beginnend vor circa vier Milliarden Jahren, nahe.
- Molekularer Aufbau und Reaktionsabläufe der lebenden Zelle stimmen mit unserem auf Laboratoriumsversuchen und Theorien basierenden Grundwissen über das chemische Verhalten der Materie überein.
- Aus unserer physikalischen Einsicht in das Verhalten der Materie können wir Wirkungsprinzipien ableiten, die die Entstehung einer auf optimale funktionale Effizienz ausgerichteten Organisation verständlich machen, die wir als frühe Form des Lebens bezeichnen können.

Es gibt allerdings keine Weltformel, die die Entstehung des Lebens als Konsequenz materiellen Verhaltens zwingend deduzierte und gleichzeitig das Wunder der Mannigfaltigkeit höheren Lebens bis hin zur Seele des Menschen erklären könnte. Auf jeder Stufe der Evolution lassen sich Mechanismen identifizieren, die es dem System erlauben, sich weiter zu entwickeln. Sie haben vieles miteinander gemein und weichen doch im Detail voneinander ab. Es geht hier nicht allein darum, bestimmte chemische Strukturen aufzubauen:

Ein selbstorganisierendes System muß darüber hinaus so etwas wie eine Motivation zum Selbstaufbau mitbringen. Es hat dann letzten Endes keine andere Wahl, als sich optimal den gegebenen Umweltbedingungen – die es selbst mitbeeinflußt – anzupassen.

Als wichtigstes Prinzip einer solchen Selbstorganisation hatten wir das von Charles Darwin und Alfred Russel Wallace ausgesprochene Prinzip der natürlichen Auslese erkannt. Es gibt sich auf den verschiedenen Stufen der Organisation in jeweils modifizierter Art zu erkennen. Naturgesetzlichen Charakter – im Sinne eines einfachen Extremalprinzips – hat es für Replikatorsysteme. Zu diesen zählen reproduktionsfähige DNA- und RNA-Makromoleküle sowie komplexere, DNA oder RNA enthaltende Viruspartikel oder gar autonome Mikroorganismen, die sich – vermöge der chemischen Reproduktivität ihrer Nucleinsäuren – durch Zellteilung vegetativ fortpflanzen. Voraussetzung für evolutives Verhalten ist neben der inhärent autokatalytischen Selbstvermehrung aller Varianten von Replikatoren, sowie neben ihrer Mutagenität, die Aufrechterhaltung eines ständigen chemischen Umsatzes durch Zuführung energiereicher Bausteine. Selbst- oder Komplementärreproduktion ist innerhalb enger Grenzen darauf festgelegt, daß die Bildungsgeschwindigkeit eines Replikators proportional zu seiner Konzentration ist. In Abwesenheit von Wachstumsbegrenzungen läuft das auf exponentielle Vermehrung hinaus. Wäre die Geschwindigkeit dagegen nicht von der Populationszahl abhängig, besäße sie irgendeinen konstanten Wert, so käme es statt zur Selektion zur Koexistenz. Dabei würden die sich einstellenden konstanten Proportionen der Populationszahlen aller Konkurrenten den Relationen ihrer Wachstumsraten entsprechen. Die besser angepaßte Mutante wäre zwar zahlenmäßig begünstigt, doch sie wäre nicht mehr imstande, ihre Konkurrenten zu verdrängen. Sogenannte Nischenbildung, die eine

Koexistenz von Arten (wie auch Molekülen) beinhaltet, ist einer solchen Situation äquivalent.

Wenn dagegen die Bildungsrate stärker als linear von der Populationszahl abhängt, kann das Wachstum hyperbolisch werden. Im Falle einer Begrenzung des Lebensraumes führt das dazu, daß der Selektionswert nicht nur von der Fähigkeit der Reproduktion des Individuums abhängt, sondern auch von dessen Repräsentanz, also von seiner Populationszahl. Eine etablierte Population ließe sich dann nicht mehr von einer anfänglich in nur einer oder sehr wenigen Exemplaren auftretenden – vorteilhaften – Mutante aus dem Feld schlagen, auch wenn diese sich infolge ihrer spezifischen Eigenschaften erfolgreicher reproduzieren könnte. »Ein-für-allemal«-Selektion wäre das Resultat. Die Mannigfaltigkeit der Arten, die unseren Planeten bevölkern, ist mit einem derartigen Verhalten nicht vereinbar.

Wir stellen fest, jede individuelle Spezies, die sich selbst zu verdoppeln vermag, ob DNA, RNA oder Mikroorganismus, zeigt eine gesetzmäßig fundierte natürliche Selektion. Aber wie ist es vom molekularen Replikator, dem RNA- oder DNA-Molekül mit seinem auf Genlänge begrenzten Informationsgehalt, zum zellulären Replikator, zum Bakterium oder zu einer Blaualgenzelle, gekommen? Was wird aus dem Selektionsprinzip, wenn Zellen Organismen aufbauen, die sich nicht vegetativ vermehren, sondern sexuell fortpflanzen, der Fall, den Darwin primär vor Augen hatte? Was geschieht, wenn der Replikator (= Genotyp) nicht mehr mit dem zur selektiven Bewertung anstehenden Phänotyp identisch ist?

Diese Genotyp-Phänotyp-Dichotomie können wir bereits bei einem so simplen Objekt wie der Viruspartikel beobachten. Sie ist exemplarisch für eine *prä*zelluläre Phase der Evolution, die die molekularen Replikatoren durchlaufen mußten, bevor sie sich zu zellulären Replikatoren entwickelten, wenngleich die Viren selbst vermutlich Produkte einer *post*zellulären Evolution sind.

Vergegenwärtigen wir uns den Prozeß der Virusinfektion, zum Beispiel – als einfachen Modellfall – die Infektion einer Bakterienzelle durch einen RNA-Phagen (Tafel 13). Das Genom des Phagen besteht aus einem einzelsträngigen RNA-Molekül, das für nicht mehr als circa vier verschiedene Funktionen codiert. Das Virus braucht eine Hülle, in der seine Erbinformation geschützt verpackt ist. Dann benötigt es eine Vorrichtung zum Einschleusen seiner Information in die Wirtszelle und des weiteren einen Mechanismus zur spezifischen Vermehrung dieser im RNA-Molekül gespeicherten Information in Gegenwart eines riesigen Überschusses von Wirts-RNA. Schließlich muß es noch für die Proliferation seiner Information sorgen, wobei die Wirtszelle meistens zerstört wird.

Zur Verwirklichung eines solchen Programms reichen wenige Gene aus, die für entsprechende, mit den geforderten Funktionen betraute, Proteine codieren. Übersetzt wird die genetische Information durch das Instrumentarium der Wirtszelle. Sogar seine individuelle Vermehrung läßt das Virus von der Wirtszelle erledigen. Es steuert zum Reproduktionsenzym lediglich einen Proteinfaktor bei, der spezifisch an die Virus-RNA adaptiert ist. Dieses Enzym wird nur tätig, wenn das von der Virus-RNA einprogrammierte »Losungswort« vorgezeigt wird. Daraufhin reproduziert es mit großer Effizienz die Virus-RNA, läßt jedoch die im großen Überschuß vorhandene Wirts-RNA völlig unangetastet. Infolgedessen ist die Zelle sehr bald mit Virus-RNA überschwemmt. Sie wird in das ebenfalls in reichlicher Menge angefertigte Hüllprotein verpackt, und schließlich proliferiert das Virus unter Auflösung der Wirtszelle[32].

Das alles ist ein automatisch ablaufendes und bis ins kleinste Detail eingespieltes Programm. Doch wie ist es zustande gekommen? Das Virus konnte erst evolvieren, nachdem sein Wirt existierte. Vermutlich war es selbst einmal ein Teil einer Zelle, der sich selbständig machte und seinen Genotyp so modifizierte, daß dabei ein konkurrenzfähiger Phänotyp herauskam. Das gilt vor allem für den virusspezifischen Faktor, das Reproduktionsenzym. Die Evolution dieses Faktors erforderte eine gezielte Rückkopplung vom Übersetzungsprodukt auf das virale Gen. Das Übersetzungsprodukt mußte seinem Gen durch Beeinflussung der Reproduktionsrate mitteilen, ob die im Gen erfolgte Mutation für den Phänotyp vor- oder nachteilig war. So entstand eine Replikase, die ausschließlich Virus-RNA mit hoher Effizienz vermehrt.

Eine vergleichbare Situation lag in der frühen Evolution vor, nämlich in dem Moment, als die Replikatoren anfingen, ihre Information in funktionstüchtige Proteine zu übersetzen. Es ist leicht vorstellbar, daß kurzkettige, RNA-ähnliche Replikatoren in dieser Phase existierten, die als Gene wie auch als Adaptoren für die Proteinbausteine fungierten. In ihrer Funktion als Adaptoren wurden die Transfer-Ribonucleinsäuren schließlich universell im Genom der Zelle konserviert. Viele ihrer heute identifizierbaren Merkmale künden jedoch von einer vormaligen Doppelrolle.

Die Analogie zur Evolution der RNA-Viren besteht nun in folgendem: Die Wirtszelle mit all ihren Bestandteilen ist durch eine chemisch reichhaltige Umwelt zu substituieren, die ein großes Repertoire von mehr oder weniger spezifischem Werkzeug für eine Übersetzung der RNA-Sequenzen in Proteinmoleküle bereit hält. Damit allein wäre im Sinne einer Evolution noch nichts gewonnen, es sei denn, einige der Übersetzungsprodukte wirkten sich günstig auf die Reproduzierbarkeit *ihres* jeweiligen Genotyps aus. Das entspräche einer Rückkopplung, die zu einer Selektion des betreffenden Genotyps führen müßte. Viele Möglichkeiten für eine derartige Rückkopplung sind bekannt. Sie reichen von der schlichten Komplexbildung, durch die zum Beispiel das katalytische Potential eines Metallions erhöht wird, über Promotor- oder Repressorwirkung bis hin zur enzymatischen Katalyse, bei der individuelle RNA-Sequenzen erkannt und selektiv bevorzugt werden. Die Replikationsgeschwindigkeit hängt in einem solchen Falle stärker als linear von der Konzentration der Replikatoren ab. Denn der Replikator wirkt nicht nur als Matrize, die ihre eigene Reproduktion instruiert, sondern der aus diesem Replikator durch Übersetzung erzeugte Faktor beeinflußt zusätzlich, rückkoppelnd, den gesamten Prozeß. Auch seine Menge ist proportional zur Zahl der Matrizen, so daß die Rate in zweifacher Weise von der Konzentration der Replikatoren abhängt: einmal aufgrund der Matrizenwirkung per se, zum anderen infolge der in der Matrize codierten Funktion. Das bedingt hyperbolisches Wachstum oder – bei Wachstumsbegrenzung – »Ein-für-allemal«-Selektion. Wir bezeichnen ein System, bei dem sich dem matrizengesteuerten Replikationszyklus eine rückkoppelnde Reaktionsschlaufe überlagert, als Hyperzyklus (Tafel 14). Die Rückkopplung, die im vorliegenden Fall lediglich die beiden komplementären Stränge einer RNA einschließt, könnte ebenso mehrere verschiedene Sequenzen zyklisch integrieren. Das geschieht übrigens ganz von selbst, da jede Sequenz Mutanten bildet, die einander ähnliche Übersetzungsprodukte liefern und sich aufgrund der verschiedenen Kopplungen zu einem Reaktionsnetz zusammenschließen. In einem solchen Netzwerk bilden sich Zyklen aus, deren Komponenten selektiv hochwachsen. Der Hyperzyklus entsteht dabei automatisch durch Selektion, wenn immer die oben beschriebene Rückkopplung vorliegt.

Die RNA-Viren stellen natürliche Hyperzyklen dar. Es gibt andere Viren, in denen mehrere individuelle RNA-Sequenzen, deren Übersetzungsprodukte sich in ihrer Funktion ergänzen, nebeneinander als getrennte Moleküle vorliegen. Ein typischer Vertreter dieser Art ist das Influenza-Virus, das acht RNA-Sequenzen beherbergt, von denen drei allein für verschiedene Replikationsenzyme codieren. Die

Natur hält möglicherweise weiteres Anschauungsmaterial für komplexere Hyperzyklen bereit[32].

In der frühen Evolution, deren Resultat die autonome Zelle war, mußten natürlich noch sehr viel mehr Probleme gelöst werden als bei der Evolution der Viren. Allein für den Aufbau eines Übersetzungsapparates wurde eine ganze Reihe von miteinander kooperierenden Genen benötigt. Sie können wegen der Fehlerschwellenbeziehung, die die Länge stabil reproduzierbarer Nucleinsäuren strikt begrenzt, nicht zu einer zusammenhängenden, langen Molekülkette vereinigt werden. Denn ein derartig integriertes Genom würde eine optimal adaptierte Reproduktionsmaschinerie erfordern, die mit äußerst geringer Fehlerrate operiert. Das würde die Existenz eines perfekten Übersetzungsapparates voraussetzen.

In der Anfangsphase mußte also – irgendwie – eine Kooperation zwischen verschiedenen Genen erzwungen werden. Dabei waren folgende Bedingungen zu erfüllen:

Erstens mußte jedes einzelne Gen seine Information vor einer Fehlerakkumulation bewahren. Es mußte dazu vor allem seinen eigenen Mutanten überlegen bleiben.

Zweitens durften die Gene, die die verschiedenen einander ergänzenden Funktionen repräsentierten, nicht miteinander konkurrieren. Sie sollten kooperieren und ihre Konzentrationsverhältnisse auf stabile Werte einpendeln.

Drittens sollte das gesamte Ensemble erweiterungsfähig und optimierbar sein. Aus diesem Grunde war es wichtig, daß es als Gesamtheit mit alternativen Genensembles in Konkurrenz treten konnte.

Die einzige uns bekannte Organisationsform, die simultan alle drei Bedingungen erfüllt und ein Regelsystem aufbaut, ist der Hyperzyklus, dessen Rückkopplungen sämtliche Gene zu einer Funktionseinheit integrieren. Die einzelnen Gene bleiben dabei als Individuen erhalten. Besonders interessant sind in diesem Zusammenhang die kürzlich entdeckten und bereits angesprochenen katalytischen Fähigkeiten von RNA-Molekülen. Ribozyme[33], insbesondere wenn sie sequenzspezifisch den Auf-, Ab- oder Umbau von Nucleinsäuren katalysieren, wären ideale Kopplungsglieder für einen Hyperzyklus. Auf diesem Wege könnte die für die Entwicklung eines Übersetzungssystems notwendige Information – zum Beispiel ein System von Code-Adaptoren – sukzessive angesammelt und zusammengefaßt werden. Der Ausbau des genetischen Codes sowie des Translationsapparates könnte sich somit schrittweise vollzogen haben.

Allerdings ist damit die Genotyp-Phänotyp-Dichotomie noch nicht überwunden. Eine im Übersetzungsprodukt des Gens, im Phänotyp, sich vorteilig erweisende Mutation kann im Hyperzyklus nicht unmittelbar auf ihren eigenen – mutierten – Genotyp rückwirken. Es gibt keinen selektiven Vorteil gegenüber dem Vorläufergen.

Nur solche Mutationen, die die RNA als Zielstruktur für den Kopplungsfaktor verbessern, werden im Hyperzyklus erkannt und optimiert. Dagegen bleiben Mutationen, die die Kopplungsfaktoren oder deren Funktion verbessern, für eine Selektion wirkungslos. Der Hyperzyklus vermag zwar mittels seiner Selbstorganisation schnell eine Rückkopplungsschlaufe zu etablieren und zu verfestigen, bleibt aber dennoch funktionell ineffizient – es sei denn, er findet einen Weg, die in den Übersetzungsprodukten sich günstig auswirkenden Mutationen ebenfalls selektiv zu nutzen. Eine derartige Rückkopplung gelingt erst durch den Einschluß aller Komponenten in ein Kompartiment. Hier sorgt die nachbarschaftliche Nähe zwischen Geno- und Phänotyp für unmittelbaren Kontakt und rückkoppelnde Reaktionsbeschleunigung.

Man mag fragen, ob der Hyperzyklus dann überhaupt noch benötigt wird. Würde nicht eine Kompartimentierung allein genügen, um die Zusammenarbeit zwischen den verschiedenen Genen zu gewährleisten? Die Antwort lautet:

nein. Die Gene würden im begrenzten Raum des Kompartiments unerbittlich miteinander konkurrieren, selbst dann, wenn sie alle vermittels eines gemeinsam benutzten Enzyms mit gleicher Geschwindigkeit reproduziert würden. Es ergäbe sich eine dem oben beschriebenen Driftprozeß analoge Neutralselektion. Darüber hinaus sind Gene durch eine Vielfalt von Mutanten mit unterschiedlichem Wirkungsgrad ihrer Übersetzungsprodukte repräsentiert; mithin entstünden Kompartimente unterschiedlicher Effizienz, ohne daß eine selektive Stabilisierung möglich wäre. Die Kompartimente würden – infolge ständiger Verletzung der Fehlerschwellenbeziehung – entarten. Allein die hyperzyklische Kopplung mit ihrer Reaktionsregulierung kann die selektive Bewertung der ganzen Einheit erzwingen. Einschluß und geregeltes Zusammenwirken der Partner sind notwendige Voraussetzungen für eine weitere Evolution[34] (siehe Tafel 14).

Damit befinden wir uns schon recht weit auf dem Wege vom molekularen zum zellulären Replikator. Ja, es sind bereits zwei ganz wesentliche Eigenschaften der biologischen Zelle realisiert: ihre Abgrenzung von der Umwelt und die Regelung der Reaktionsabläufe. Die Details der Entstehung und Optimierung der Biosynthesemaschinerie der Zelle liegen weitgehend im Dunkeln, wenngleich eine Vielzahl von Realisierungsmöglichkeiten heute in Betracht gezogen wird. An dieser Stelle kann lediglich die »Wenn-dann«-Logik des Aufbaus nachgezeichnet werden.

Eine Integration *aller* Gene zu einem riesigen Genom kommt erst zustande, wenn das Enzym-Instrumentarium so weit entwickelt ist, daß eine Fehlerbegrenzung möglich ist. Für Mikroorganismen ist eine maximale Fehlerrate von 10^{-6} bis 10^{-7} erforderlich. Derart kleine Werte sind ohne Korrekturlesen nicht zu erreichen. Daraus ergab sich die Notwendigkeit zur Einführung doppelsträngiger Replikatoren. Der Elternstrang dient als Vergleichsmaßstab für eine Fehlerkorrektur im Tochterstrang. Abgeschlossen ist die Phase des Übergangs vom molekularen zum zellulären Replikator erst, wenn nicht nur sämtliche Gene zum Genom vereinigt sind, sondern wenn zusätzlich die Verdopplung des molekularen Replikators mit der Teilung der Zelle synchronisiert ist. Dann nämlich ist die Zelle in ihrer Gesamtheit – kraft der chemisch begründeten Reproduktionsfähigkeit der Nucleinsäuren – zu einer übergeordneten Replikatoreinheit geworden.

Eine neue Ära der Evolution kann beginnen, in der Variabilität auf der Grundlage einer Selektion im Sinne Darwins wiederhergestellt ist. Die hyperzyklische Organisation der entstandenen komplexen Reaktionsnetzwerke von Nucleinsäuren und Proteinen mit ihrer konservierenden »Ein-für-allemal«-Selektion stellt sich als ein Intermezzo der Evolution heraus. Aus dieser Phase stammt (möglicherweise) die Universalität des chemischen Aufbaus der Zelle, der für alle Lebewesen verbindliche genetische Code sowie der Symmetriebruch, der jeder Klasse von makromolekularen Bausteinen eine einheitliche Chiralität zuweist. Spuren hat die Integration der genetischen Information auch in dem nach Operoneinheiten strukturierten Aufbau des Genoms der Prozyte hinterlassen. Die dynamische Organisation des hyperzyklischen Stadiums spiegelt sich in der »sprachlichen« Ordnung des Genoms und der Regelung der Informationsabrufung wider.

Die Zentralisierung der Legislative in einem einzigen, riesigen DNA-Molekül impliziert indes auch Nachteile. Die Integration durfte erst erfolgen, nachdem die Fehlerrate bei der Reproduktion hinreichend klein und das Riesenmolekül somit vor einer Fehlerkatastrophe gesichert war. Eine kleine Fehlerrate macht aber das einzelne Gen fast unwandelbar. Das Genom der Prozyte ist in bezug auf seinen Informationsgehalt ökonomisiert. Es gibt keine überflüssigen Sequenzabschnitte, ganz ähnlich wie bei den meisten Viren, die gar überlappende Gene besitzen. Die Evolution eines einzelnen Gens, das lediglich tausend Nucleotide umfaßt, verliefe bei einer Fehlerrate von weniger als eins zu einer Million äußerst langsam. Gewiß entwickelten sich neue Mechanismen, die Variabilität zuließen, gleichwohl blieb der Zelltypus der Prozyte relativ invariant. Veränderungen im Genom werden hier ausschließlich auf die unmittelbare Nachkommenschaft, die Zellinie, vererbt.

Die Zukunft gehörte daher einem anderen Zelltypus, der Euzyte, die sich durch einen membranumhüllten Zellkern auszeichnet. Verwandtschaften im molekularen Aufbau von Pro- und Euzyte verweisen auf einen gemeinsamen Ursprung, worauf vor allem die noch gut registrierbaren Sequenzhomologien von Proteinen und Nucleinsäuren beider Zelltypen hindeuten. Vielleicht war ein Vorläufer der Archaebakterien die Weggabel für Pro- und Euzyte. Die zytoplasmatischen Bestandteile der Euzyte zeigen größere Verwandtschaft zu den Archaebakterien als zu den Eubakterien. Ihre Mitochondrien sind dagegen als Nachfahren der Eubakterien anzusehen. Der neue Zelltypus scheint demnach aus einer Vereinigung zweier ungleichartiger Vorläufer hervorgegangen zu sein.

Auch unter den Eukaryonten befinden sich noch heute viele Einzeller. Ein typischer Vertreter ist die Hefezelle. Während sich im Genom der Prozyte eine Ordnung widerspiegelt, die auf eine lückenlose Integration von Replikatoren hindeutet, erkennen wir in der Euzyte keine zusammenhängenden Gen- oder gar Überstrukturen (wie zum Beispiel Operon-Einheiten). Die Gene sind – scheinbar regellos – in Abschnitte unterteilt. Man bezeichnet die Information-tragenden Abschnitte als Exons (= exprimierbare Regionen). Sie sind unterbrochen von nicht-codierenden Sequenzabschnitten, Introns (= eingelagerte Regionen) genannt. Deren Funktion, sofern sie eine besitzen, ist bis jetzt unbekannt. Auch weiß man nicht, ob es sich bei dieser Anordnung um ein urzeitliches Relikt handelt, das vielleicht Auskunft über die

Entstehung der Euzyte zu geben vermag. Man hat gefunden, daß Exons häufig mit strukturellen Domänen im Proteinmolekül korreliert sind. Diese – im allgemeinen weniger als hundert Aminosäuren umfassenden – Domänen könnten primitive Vorläufer des betreffenden Proteins gewesen sein. Möglicherweise haben sich die Introns bei der Integration der Gene zum Genom eingelagert. Sie wären dann in den Prozyten aufgrund der Ökonomisierung des Informationsgehalts des Replikators wieder verschwunden, während sie sich in den Euzyten infolge einer Funktionszuweisung stabilisierten. Andererseits könnte es sich ebenso um eine erst im späteren Verlaufe der Evolution – nach der Aufgabelung von Eubakterien und Archaebakterien – erworbene Eigenschaft handeln, die sich für den rekombinativen Mechanismus der Vererbung als vorteilhaft herausstellte. Der Luxus einer solchen Ausweitung des Genoms mag möglich geworden sein, nachdem die Fehlerrate ungefähr so niedrig wie bei den gegenwärtig lebenden Organismen war, nämlich in der Größenordnung von eins zu einer Milliarde.

Rekombination (Tafel 15) ist die Grundlage der für die Euzyte charakteristischen sexuellen Vererbung. Sie beinhaltet einen Austausch von Sequenzabschnitten der DNA zwischen männlichem und weiblichem Erbsatz, so daß in jeder Generation neue Genkombinationen auftreten, die für ständige Innovation sorgen. Die wichtigste Konsequenz dieser neuen Art von Fortpflanzung ist – abgesehen von der großen Variabilität – die Verlagerung der Angriffsfläche der Evolution von der einzelnen Zellinie auf die gesamte Population, deren Gen-Fundus auf diese Weise jede Veränderung unmittelbar aufnimmt. Die Gene sind damit de facto wieder von der Zentralherrschaft des Genoms befreit. Ein selektiver Vorteil kann sich zum einen rasch horizontal über die gesamte Population ausbreiten, und zum anderen wird die Angriffsfläche für jede Mutation, die jetzt nur in einem beliebigen – der vielen miteinander kommunizierenden – Individuen einer

Population zu erfolgen braucht, stark vergrößert. Indes dieser Fortschritt hatte seinen Preis. Die Einprogrammierung des Todes wurde unumgänglich, oder treffender formuliert: Das Altern und Sterben des Individuums stellte sich als derart vorteilhaft für die Entwicklung der Art heraus, daß sie im evolutiven Prozeß unausweichlich war. Bei Organismen mit vegetativer Zellteilung gibt es kein Altern des Individuums. Es ist nicht zu entscheiden, welche der beiden Zellen nach der Teilung die Tochterzelle und welche die Mutterzelle ist. So gibt es auf dieser Ebene bloß den Unfalltod. Das heißt, die vegetativ sich fortpflanzende Zelle ist im Prinzip unsterblich. Bei Organismen mit geschlechtlicher Vermehrung hingegen sind die Nachkommen eindeutig definiert. Hier ist es vorteilhaft, daß das Individuum, das seinen Beitrag für die Evolution geleistet hat, stirbt. Tod bedeutet neues Leben für die Art.

Für den Selektionsprozeß ergeben sich bei sexueller Rekombination ähnliche »Sozial«-Probleme wie in der hyperzyklischen Phase auf molekularer Ebene. Die Konsequenzen sind hier jedoch anderer Art. Wieder wird die einfache Extremalform des Selektionsprinzips durchbrochen. Wiederum ist eine Genotyp-Phänotyp-Dichotomie zu berücksichtigen. Denn die der Gesamtpopulation zugehörigen Gene sind die Zielscheibe der Mutation, aber das Individuum, ein Kollektiv von speziellen Genen, ist der Phänotyp, der sich der Selektion stellen muß. Bei einem Genom von mehr als hundert Millionen Nucleotiden sind alle Mutanten einzigartig. Sie lassen sich nicht mehr, wie in den molekularen Quasispeziesverteilungen oder bei Viren durch deterministische Populationszahlen beschreiben. Bei einem so großen Genom müßte es viele neutrale Mutationen, das sind Veränderungen, die durch keinerlei Selektionsvorteil ausgezeichnet sind, geben. Es läßt sich nicht vorhersagen, welche von diesen hochwachsen (genetische Drift) und welche bald aussterben. Andere Mechanismen der Genveränderung als die einfache

Punktmutation oder die Insertion und Deletion von Bausteinen, Umgruppierungen an den Schnittstellen der neukombinierten Sequenzabschnitte sowie Einlagerungen verdoppelter oder invertierter Genfragmente eröffnen neue Wege für den Evolutionsprozeß. Auf diese Weise findet in einer Population schnell eine horizontale Ausbreitung von Mutationen statt. Man hat alle Prozesse, die zu einer die vertikale Selektionsbewertung unterlaufenden Ausbreitung führen, unter dem Stichwort »Molecular Drive« zusammengefaßt[35]. Somit vermochte die Euzyte aus der evolutiven Sackgasse, in die Replikatoren mit großem Genom wegen der notwendigen drastischen Verringerung der Fehlerrate geraten mußten, auszubrechen. Die große Lernkapazität des Immunsystems, das eine enorme Vielfalt der für einen Organismus fremdartigen Molekularstrukturen erkennt[36], basiert weitgehend auf diesen Variationsmöglichkeiten des rekombinativen Genaustausches.

Die Evolution höherer, vielzelliger Lebensformen mußte die Perfektionierung des rekombinativen Instrumentariums abwarten. Dementsprechend finden wir bis ins späte Präkambrium hinein – also über einen Zeitraum von etwa drei Milliarden Jahren – ausschließlich einzellige Organismen. Erst danach – etwa vor fünfhundert bis tausend Millionen Jahren – setzte eine explosionsartige Entwicklung ein, die wahre Wunderwerke der Evolution hervorbrachte. Die Organisation der Vielzeller verlangt neue Wege der Selbstorganisation. Programmiert im Genom der Zelle ist nur die *Regelung* der Selbstorganisation, nicht jedoch die Organisation per se. Ein Beispiel mag das verdeutlichen: Der Mensch hat in seinem Zentralnervensystem mehr Nervenzellen als Informationssymbole in seinem Genom. Das bedeutet, daß die Kontakte, die Milliarden von Zellen miteinander verbinden, nicht im einzelnen vorprogrammiert sein können. Es können lediglich einige spezialisierte Funktionen sowie die Methode für einen differenzierten Aufbau des Organs genetisch fixiert sein. Zelldifferenzierung und Morphogenese sind wiederum Selbstorganisationsprozesse[37], allerdings auf einer weiteren, nämlich zellulären Ebene, wenngleich sie nach wie vor von molekularen Ereignissen gesteuert werden. Das Musterbeispiel eines hochdifferenzierten Organs ist das Zentralnervensystem des Menschen mit seinen vielen Milliarden von Nervenzellen, die über vielfältige Kontakte – circa tausend bis zehntausend Verknüpfungen oder Synapsen pro Nervenzelle – miteinander kommunizieren[38].

10. Schöpfung ohne Ende

»Bewußtsein seiner selbst war also schlechthin eine Funktion der zum Leben geordneten Materie, und bei höherer Verstärkung wandte die Funktion sich gegen ihre eigenen Träger, ward zum Trachten nach Ergründung und Erklärung des Phänomens, das sie zeitigte, einem hoffnungsvollen-hoffnungslosen Trachten des Lebens nach Selbsterkenntnis, einem Sich-in-sich-Wählen der Natur, vergeblich am Ende, da Natur in Erkenntnis nicht aufgehen, Leben im Letzten sich nicht belauschen kann.«

Die Entstehung des Lebens ist nicht einfach durch den Übergang von unbelebter in belebte Materie zu definieren. Zum einen ist der Übergang als solcher kaum auszumachen, denn er verläuft kontinuierlich. Zum anderen ist die Evolution des Lebens damit nicht abgeschlossen, ja, es reiht sich eine nicht abreißende Kette von Entwicklungen an, deren Komplexität die der ersten Stufen zum Leben bei weitem übersteigt. Die frühesten autonomen Lebewesen sind in der Tat viel weiter vom Menschen entfernt als von »jener Natur, die nicht einmal verdiente, tot genannt zu werden, weil sie unorganisch war«. Das spiegelt sich auch offenkundig im zeitlichen Ablauf der Evolution wider. Zelluläres Leben erschien auf unserem Planeten, nachdem dieser abgekühlt war und eine chemische Selbstorganisation zuließ, innerhalb von weniger als einer Milliarde Jahren. Wahrscheinlich wurde der größte Teil dieser Zeitspanne dazu gebraucht, die für den Lebensprozeß erforderlichen Moleküle soweit anzureichern, daß sie in hinreichender Konzentration vorhanden waren, somit einander oft genug begegnen konnten und dabei ein »Sozialwesen«, die erste Zelle, organisieren konnten. Demgegenüber verweilte das Leben auf der Stufe des Einzellers für einen Zeitraum von ungefähr drei Milliarden Jahren. Natürlich ist diese Phase in viele Einzelstufen unterteilt. Die Zellen mußten Eigenschaften entwickeln, die später einmal den Aufbau zellulärer Sozialordnungen gestatteten, für die die Amöbe ein klassisches Vorbild liefert. Der Weg führte vom Molekül zum integrierten Molekülsystem, von der einzelnen Zelle zum

System interagierender Zellen, vom Zellhaufen zum integrierten Zellstaat, vom Organ zum höheren Organismus. Bis zum Menschen dauerte es dann noch einmal fast eine Milliarde Jahre.

Leben ist ein eminenter Bestandteil der Umwelt geworden! Die Arten sind aufeinander angewiesen! Man spricht vom ökologischen Gleichgewicht, obwohl es ein solches in der sich stetig verändernden Szenerie auf Dauer nicht geben kann. Aufgrund der vielfältigen Kopplungen haben Störungen weitreichende, zumeist nicht überschaubare Konsequenzen. Der Selektionswert einer jeden Spezies ist eine komplizierte, nichtlineare Funktion vieler Variablen geworden. Eine Dogmatisierung der Selektionsidee und ihre Projektion in den Sozialbereich der Lebewesen könnten schlimme Folgen heraufbeschwören.

Es ist offenkundig, daß die Lösung des Problems Leben – auch wenn man es als ein abstraktes Problem prinzipieller Natur ansieht – nicht in einer »Weltformel« zu suchen ist. Wittgenstein sagt in seinem »Tractatus Logico-Philosophicus« und beschreibt damit treffend die Situation der modernen Biologie: »Die Lösung des Problems des Lebens merkt man am Verschwinden dieses Problems.«

Der Schöpfungsprozeß ist keineswegs abgeschlossen, doch niemand vermag vorauszusagen, was innerhalb von Zeiträumen geschehen wird, die als vernachlässigbar klein im Vergleich zu den Phasen der genetischen Evolution gelten müssen. Wir sind heute in der Lage, in den genetischen Ablauf – reparierend – einzugreifen (siehe Tafel 5). Ein schöpferischer Eingriff würde allerdings Kenntnisse erfordern, die wir (noch?) nicht besitzen. Doch wird sich evolutiver Fortschritt in naher Zukunft kaum auf der genetischen Ebene vollziehen. Die Aktivierung des Geistes im Menschen hat das Entwicklungskarussell in schnelle Rotation versetzt. Nahezu alles, was in absehbarer Zeit geschieht, wird jetzt vom Menschen ausgehen. Nach wie vor heißt das Motto der

Evolution: Überleben. Meistern werden wir dieses Problem allein durch die Mobilisierung unseres Geistes, dessen ethische Komponente mit dem rasanten Wachstum von Wissenschaft und Technik allerdings nicht Schritt zu halten vermochte. Auch hier wird uns keine »Weltformel« zu Hilfe kommen, sondern wir werden Stufe um Stufe selbst um Lösungen ringen müssen. Die Schöpfung des Geistes hat eben erst begonnen!

Teil II
Tafeln zur Molekularbiologie

1. Vergleichende Sequenzanalyse (statistische Geometrie)[4, 5, 39]

Sequenzanalyse bedeutet üblicherweise die positionsgetreue chemische Identifizierung der monomeren Bausteine in der makromolekularen Kette einer Nucleinsäure oder eines Proteins. Der Ausdruck bezieht sich also zunächst auf ein *chemisches* Analyseverfahren. Wenn wir dagegen von *vergleichender* Sequenzanalyse sprechen, so setzen wir voraus, daß für die in Frage stehende Menge von Makromolekülen die Bausteinabfolge als solche bereits bekannt ist und daß es die Informationsbeziehungen zwischen den verschiedenen Sequenzen sind, die einer vergleichenden Analyse unterzogen werden sollen.

Man beginnt mit der Ausrichtung der durch gemeinsame Merkmale charakterisierten Sequenzen, wie an vier binären – das heißt, aus zwei Symbolklassen zusammengesetzten – Sequenzen exemplifiziert wird:

R	Y	Y	R	Y	R	R	R	Y	R	Y	R	Y	Y	Y	Y	R	Y	R	Y	R	R	Y	Y	R	R	R	Y	R	Y	Y	R	Y	R	R	Y	R	R	R	Y
R	Y	R	Y	Y	Y	R	R	Y	Y	Y	Y	Y	Y	R	R	Y	Y	R	R	Y	R	Y	Y	Y	R	Y	Y	R	R	Y	Y	R	R	Y	R	R	R	R	Y
R	Y	Y	Y	Y	Y	Y	R	Y	Y	R	R	Y	R	Y	R	R	R	Y	R	R	Y	Y	Y	R	Y	R	R	R	R	Y	Y	R	Y	R	R	R	R	R	Y
R	Y	Y	Y	R	Y	Y	R	R	Y	Y	Y	Y	Y	R	R	R	Y	R	Y	Y	Y	Y	R	R	Y	Y	Y	R	R	R	R	R	Y	Y	R	Y	Y	R	Y

o	o	b	a	d	a	x	o	d	a	c	y	o	c	y	a	b	c	c	z	y	x	o	d	b	x	y	c	o	a	d	z	a	x	y	a	d	d	o	o

In den Sequenzen können Insertionen (Einschiebungen von zusätzlichen Nucleotiden) oder Deletionen (Auslassungen von Nucleotiden) vorkommen. Daher sind die Sequenzen nicht immer gleich lang. Bei der Ausrichtung orientiert man sich dann an den zahlreichen Homologien, die über die gesamte Länge verteilt sind. Eine solche Ausrichtung kann mit einer Überlagerung von Sequenzen verglichen werden. Wie effizient diese Prozedur für die Rekonstruktion der Information des gemeinsamen Vorläufers ist, mag an einem Beispiel aus unserer Sprache demonstriert werden. Wir betrachten zehn Buchstabenfolgen. Jede ist durch willkürliche Abänderung einzelner Buchstaben aus einem gemeinsamen Vorläufer entstanden.

PAX SLONCK GESELLE HOFFT
MASTPLAN K.G.SOLL CHART!
MYXOPLASMA GEMEINSCHAFT
TAX PANICK GESTE U HAFT
MAL PLAITE GEHE IS HART
MIX FLINCK KESE LEBHAFT
FAXE.LASCHE.ESEL.SCHAFE.
MIT PLAN KLAU ELLIS AXT
SEX PRUNCK GERÖLLSCHIFF
MAO BRANCHE EDEL SCHUFTE

Der Sinn ist in keinem der zehn Sätze ohne weiteres zu erkennen. Schreiben wir diese Buchstabenfolgen dagegen auf je eine transparente Folie und legen sie rastergerecht übereinander, so ist der Sinn sofort abzulesen.

Bei den Nucleinsäuren bezeichnen wir die aus einer derartigen Überlagerung oder Ausrichtung hervorgehende Sequenz als Master-Sequenz.

Jedes Paar von Sequenzen läßt sich durch einen Abstand, der gleich der Summe der unterschiedlich besetzten Positionen ist, charakterisieren. Da die Positionen in ihrer Mutationsakzeptanz variieren, ist es zweckmäßig, sie in Abstandstypen zu unterteilen. Wir unterscheiden drei Kategorien:

1) Alle Sequenzen stimmen an der betrachteten Position überein: Typ o
2) Eine Sequenz weicht von den drei übrigen ab: Typ a, b, c und d
3) Zwei Sequenzen stimmen jeweils paarweise überein; jedoch die Paare differieren: Typ x, y und z

Dieser Sachverhalt läßt sich geometrisch darstellen.

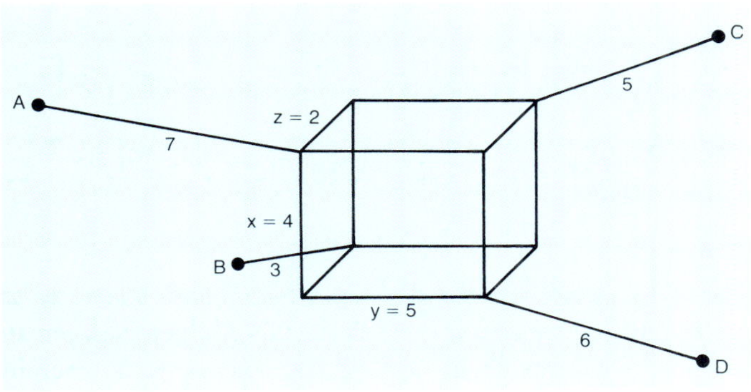

Hat man es statt mit binären mit quarternären Sequenzen zu tun, wie bei den Nucleinsäuren mit ihren vier Symbolklassen, so kommen weitere Abstandskategorien hinzu, die durch entsprechend kompliziertere geometrische Figuren repräsentiert werden können. (Vergleiche hierzu das in Tafel 12 erläuterte Konzept des Sequenzraumes.)

Der Nutzen dieser Methode, der auf einen relativen Vergleich der Abstandskategorien hinausläuft, offenbart sich bei der Analyse einer größeren Zahl miteinander verwandter Sequenzen. Man kann nunmehr statistische Mittelwerte für die verschiedenen Abstandskategorien bestimmen – daher nennen wir die Methode statistische Geometrie. Es müssen natürlich alle möglichen Viererkombinationen untersucht werden. Das sind bei vierzig Sequenzen schon an die hunderttausend Kombinationen – eine Aufgabe, die nur mit Hilfe des Computers bewältigt werden kann.

Die statistische Geometrie erlaubt die objektive Zuordnung zu einer Topologie. Wir betrachten die Mittelwerte von $\frac{1}{4}(a + b + c + d)$ sowie von x, y und z, wobei wir die längste der drei Kastendimensionen mit l, die mittlere mit m und die kürzeste mit k bezeichnen. Dann gilt:

> Wenn $l + k$ ungefähr gleich $2\,m$, und dieser Wert klein gegen $\frac{1}{2}(a + b + c + d)$ ist, so hat man es mit einer büschelartigen Topologie zu tun. Für das ideale Büschel sind l, m und k gleich null.

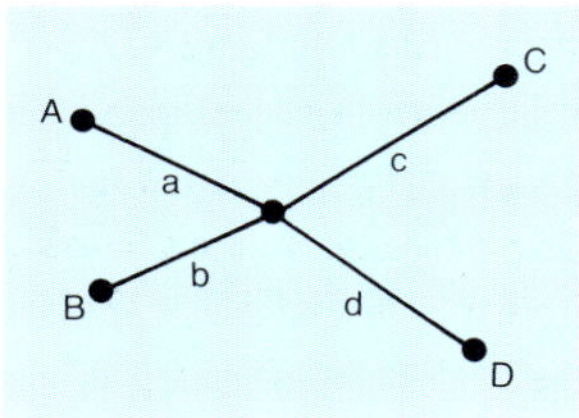

Wenn l erheblich größer als m und k ausfällt, so ist das ein Indiz für eine baumartige Topologie. Im Idealfall werden m und k gleich null und l von ähnlicher Größe wie

$$\frac{1}{4}(a + b + c + d)$$

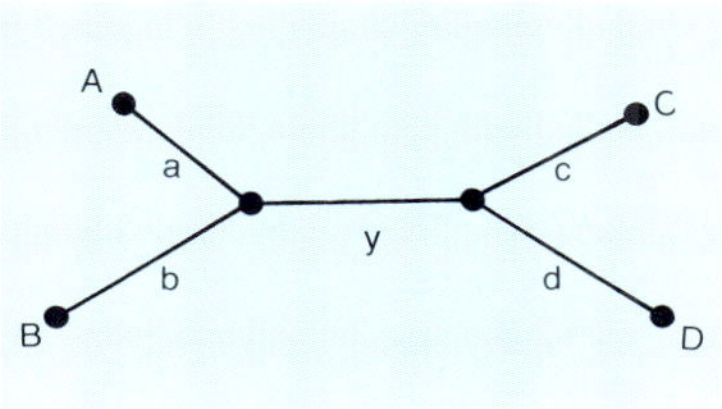

Sind schließlich alle Abmessungen von gleicher Größenordnung, so ist die gesamte Verteilung netzartig verknüpft. Das ist der Endzustand bei totaler Verrauschung, und zwar für sämtliche Arten von Topologien. Übereinstimmungen sind in diesem Falle nur noch zufällig.

Die statistische Geometrie liefert infolge der Mittelung über sehr viele Kombinationen zuverlässige Aussagen. Das gilt insbesondere für den Fall quarternärer Sequenzen. Die pauschalen Summenabstände dagegen geben keine sichere Auskunft über den Grad der Verrauschung, da gewisse Übereinstimmungen möglicherweise wegen funktioneller Notwendigkeiten erzwungen wurden. Kleine Abstände besagen dann nicht mehr unbedingt, daß der Grad der Verrauschung gering ist.

2. Vergleichende Sequenzanalyse (Beispiele)

Es gibt Sequenzen, die sehr variabel sind, und es gibt solche, die im Evolutionsprozeß fast unverändert blieben. Zu den am wenigsten variablen Sequenzen zählen die frühen Funktionseinheiten der Reproduktions- und Übersetzungsmaschinerie der Zelle. Als erstes Beispiel wird eine phylogenetische Divergenz gezeigt, die so weit zurückliegt, daß die baumartige Verzweigung sich kaum mehr vom Büschel unterscheiden läßt. Die vier Sequenzen – es handelt sich um ribosomale Nucleinsäuren, sogenannte 5s-rRNAs – sind seit fast drei Milliarden Jahren getrennte Wege gegangen. A und C sind Eubakterien, A: *Bacillus Pasteurii*, C: *Anacystis nidulans*, ein Cyanobakterium (eine zur Photosynthese befähigte Blaualge), B und D repräsentieren Archaebakterien, die jedoch zwei Linien angehören, die sich schon früh aufspalteten, B: *Halobacterium salinarium*, D: *Methanococcus Vannielli*. Der gemeinsame Verzweigungspunkt liegt irgendwo innerhalb des Quaders, dessen Dimensionen (l, m und k) den Grad der Verrauschung widerspiegeln[4,5].

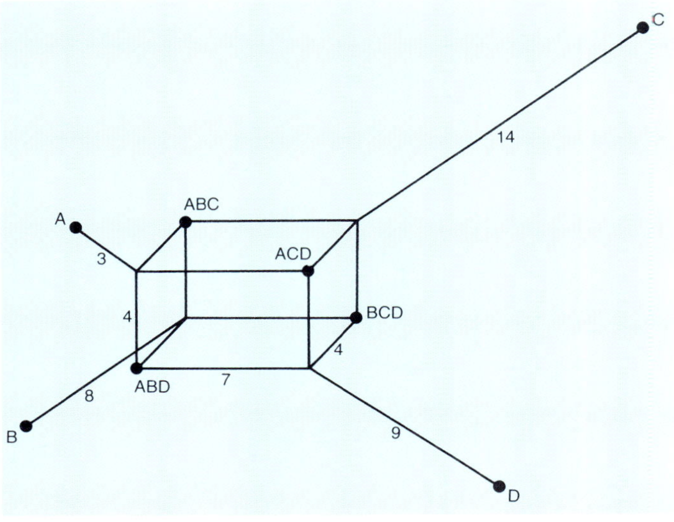

Besonders konservativ sind die Transfernucleinsäuren[40]. Sie haben ihren Ursprung in der präzellulären Phase der Evolution, nämlich als der genetische Code sich ausbildete und fixiert wurde. Sie gehören damit zu den ältesten uns bekannten Biomolekülen. Vor ihrer Existenz ist genetische Information im heutigen Sinne nicht denkbar. Wären die Sequenzen dieser Moleküle nicht so extrem konservativ, ihre ursprüngliche Information wäre längst verrauscht. In den letzten hundert Millionen Jahren haben sie sich kaum mehr verändert. Krallenfrosch *(Xenopus laevi)* und Mensch weisen bei einigen Transfernucleinsäuren noch vollständige Homologie auf. Die Molekülklasse der tRNA ist damit hervorragend geeignet, Auskünfte über die Entstehungsphase der genetischen Information und über die Anfänge der Evolution zu geben. Im Bild wird die Divergenz von vier Transfernucleinsäuren aus *Bacillus subtilis* gezeigt, und zwar für die Adaptoren von Glycin (GCC), Alanin (UGC), Asparaginsäure (GUC) und Valin (UAC). In den Klammern steht jeweils das dazugehörige Anticodon. Gerade diese Aminosäuren treten bei Ursynthese-Experimenten am häufigsten auf und waren vermutlich die ersten Proteinbausteine. Die vier Code-Adaptoren sind demnach vor mehr als drei Milliarden Jahren fast gleichzeitig aus einem Vorläufer hervorgegangen. Ihre Sequenzen haben sich danach – unabhängig voneinander – büschelartig verzweigt.

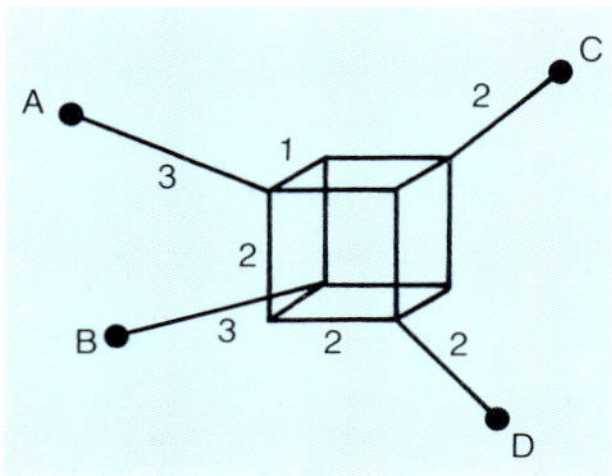

Das folgende Beispiel repräsentiert unverkennbar baumartiges Auseinanderstreben (m = k = o). Zum Unterschied von den beiden vorangehenden Fällen haben wir es mit einem hochveränderlichen System zu tun, das sich im Anfangsstadium der Divergenz befindet. Nur wenige Prozent der 990 Positionen dieses Moleküls sind bisher mutiert. Es handelt sich um ein Gen des Influenza-Virus (A-Typ), dessen Evolution sich anhand von tiefgefrorenen Proben über die letzten 53 Jahre hinweg verfolgen ließ[41]: Sequenz A wurde im Jahre 1933 isoliert, B 1934, C 1968 und D 1985. Der Sequenzvergleich offenbart die enorme Wandelbarkeit dieses Virus, das millionenfach schneller evolviert als die zuvor betrachteten autonomen Einzeller. Die hohe Evolutionsrate findet in der in Tafel 10 erwähnten Fehlerschwellenbeziehung ihre Erklärung. Die aus der hohen Fehlerrate der Replikation resultierende Variabilität stellt ein großes Hindernis für die Entwicklung einer wirksamen Immuntherapie der Virusgrippe dar. Ähnliche Schwierigkeiten liegen bei dem Erreger der Immunschwäche AIDS, dem HIV-Virus, vor.

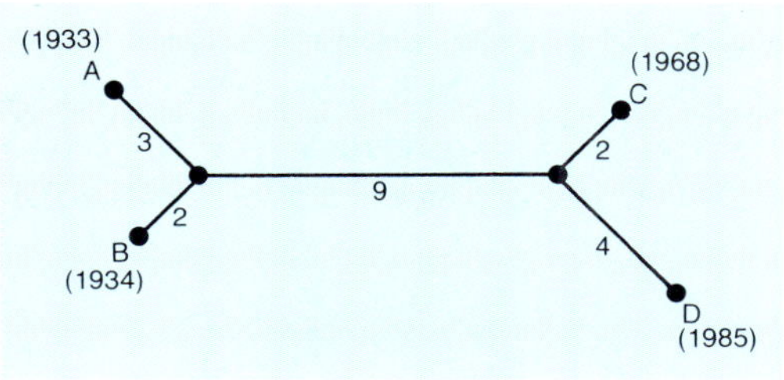

Beispiele der phylogenetischen Analyse aus Sequenzdaten werden anhand von zwei Dendrogrammen vorgestellt. Die frühe Verzweigung der Archae- und Eu-Bakterien sowie deren spätere Auftrennung in verschiedene Spezies (zum Teil ausgelöst durch die Ausbildung ihrer Wirtsorganismen) wurden aus einem Sequenzvergleich von 5s-rRNA- und tRNA-Molekülen[4, 5, 39, 40, 42] – beide Funktionseinheiten des Translationsapparates – rekonstruiert. Trotz verschiedener Absolutwerte der Divergenz ist der ermittelte Grad der Verrauschung für sämtliche hier betrachteten Organismen etwa gleich. Das ist einleuchtend, denn alle heute existierenden Organismen stammen von der Ur-Zelle ab, haben also über eine gleiche Zeitspanne hinweg Mutationen gespeichert.

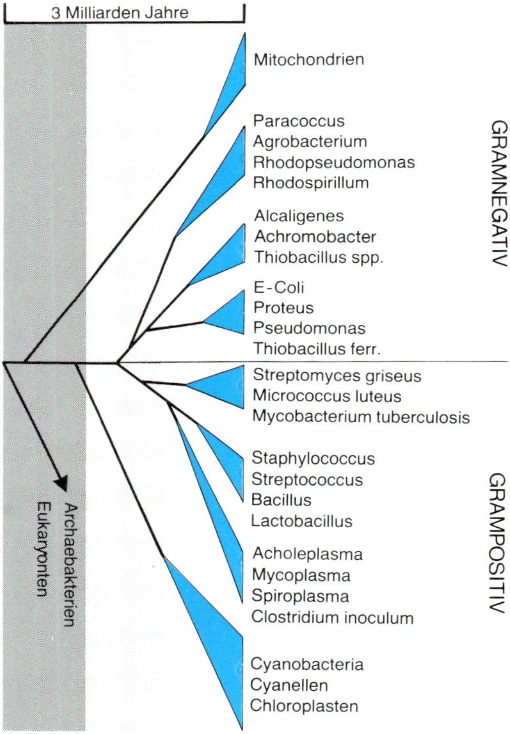

Die in dieser Tafel bisher gezeigten Analysen beziehen sich auf binäre Sequenzen. Bei den betreffenden Nucleinsäuren wurde allein die Abfolge der Basenklassen (R bzw. Y) betrachtet. Das folgende Beispiel bezieht sich dagegen auf die Analyse eines Proteins, in dem zwanzig Bausteinklassen zu berücksichtigen sind. Es handelt sich um die Divergenz der Eukaryonten innerhalb der letzten fünfhundert Millionen Jahre. Sie wurde anhand von Sequenzen des Proteins Cytochrom c, einem Ferment der Atmungskette, untersucht[42].

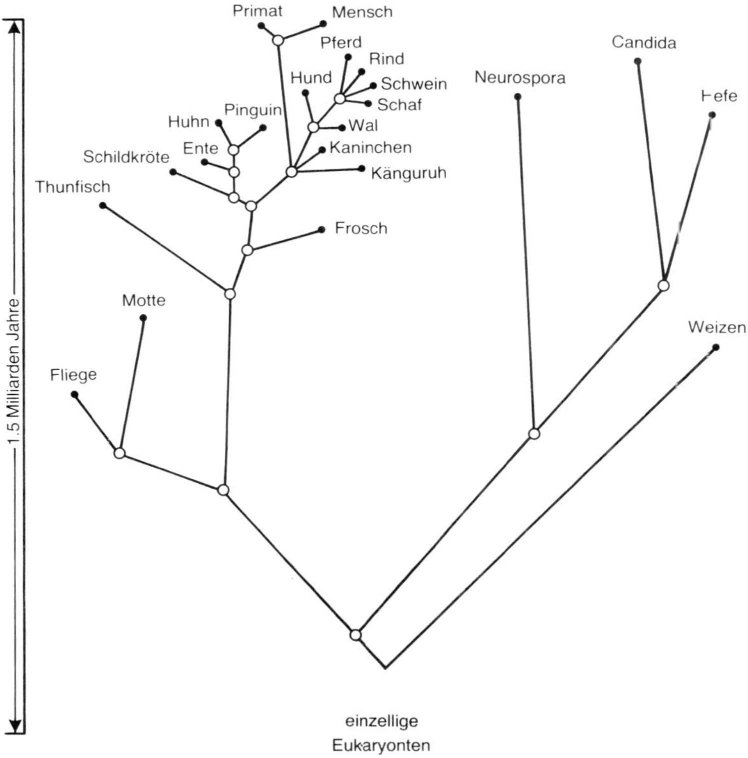

3. Wie alt sind die ersten Formen des Lebens?

Die Antwort auf diese Frage hängt natürlich von der Definition des Begriffs »Leben« ab. Gehen wir davon aus, daß eine der wichtigsten Voraussetzungen für die Entstehung des Lebens die Fähigkeit zur Speicherung und Vermittlung von Information war, dann dürfte die Frage als so gut wie beantwortet gelten, wenn man wüßte, wie alt der genetische Code ist (siehe Tafel 8).

Uns sind etwa tausend Sequenzen von Transfernucleinsäuren (tRNA) bekannt[40]. Diese Moleküle bewerkstelligen die Zuordnung der Bausteine der Proteine, der Aminosäuren, zu ihren Codekombinationen in der genetischen Nachricht. Wir bezeichnen sie daher als die Adaptoren des Codes. Für fünfzehn verschiedene Organismen – Bakterien, Algen, Pflanzen, Tiere – kennen wir die Sequenzen von jeweils zwanzig bis vierzig individuellen tRNA-Molekülen, charakterisiert durch ihr Anticodon. Die Mitglieder einer Familie, also alle tRNA-Moleküle innerhalb eines Organismus, sind ungefähr gleichzeitig, und zwar in der Entstehungsphase des genetischen Codes, aus *einer* Mutantenverteilung hervorgegangen. Sie haben sich seither unabhängig voneinander entwickelt. Darüber hinaus kennen wir noch circa vierundzwanzig individuelle tRNA-Moleküle,deren Phylogenien sich ermitteln ließen. Das besagt, daß jedes dieser vierundzwanzig tRNA-Moleküle für jeweils zwanzig bis vierzig verschiedene Arten analysiert wurde. Dank dieser bekannten Phylogenien war es möglich, vierundzwanzig Sequenzen zu rekonstruieren, die sich auf die Zeit der allerersten Zellverzweigungen vor etwa drei Milliarden Jahren beziehen. Uns stehen folglich drei Zeitspannen zur Verfügung, die wir miteinander vergleichen können: 1) Von der Entstehungsphase des genetischen Codes bis zu den heutigen Organismen; 2) von den allerersten Zellaufspaltungen (Eubakterien, Archaebakterien, Mitochondrien) bis zu den heutigen Organismen; 3) von der Entstehungsphase des genetischen Codes bis hin zu den allerersten Zellaufspaltungen. In allen drei Fällen kennen wir

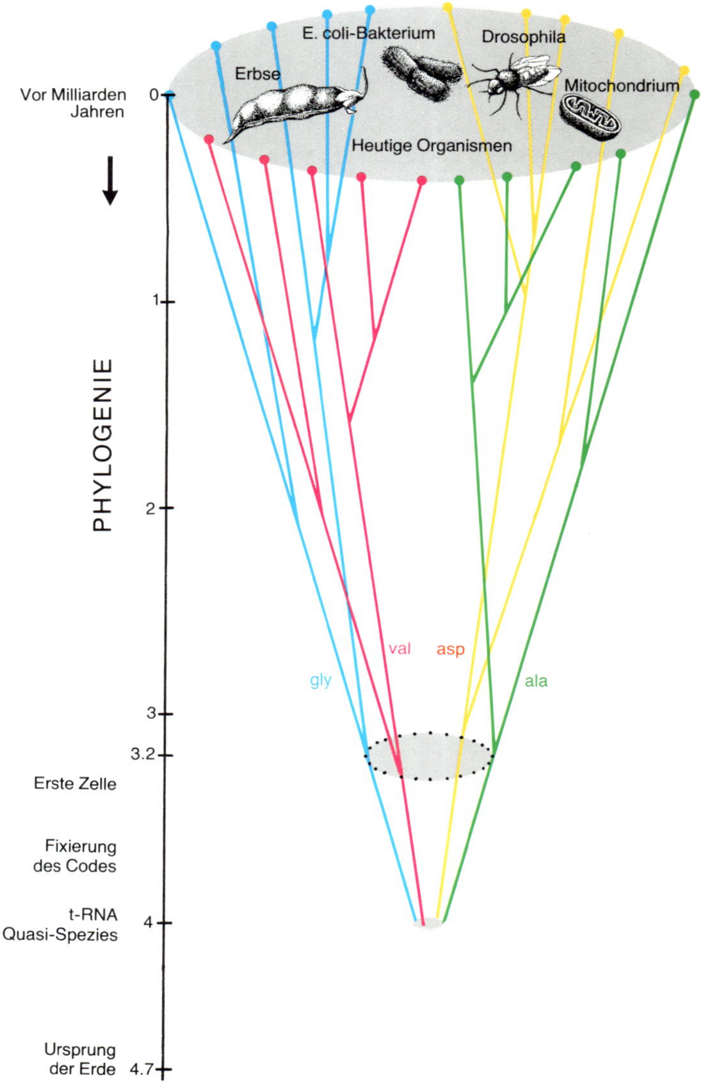

Vor Milliarden Jahren
0
1
2
3
3.2
4
4.7
PHYLOGENIE
Erbse
E. coli-Bakterium
Drosophila
Mitochondrium
Heutige Organismen
gly
val
asp
ala
Erste Zelle
Fixierung des Codes
t-RNA Quasi-Spezies
Ursprung der Erde

die mittlere Divergenz, das heißt, die Zahl von Positionen, um die sich zwei Sequenzen im Mittel voneinander unterscheiden. Der hier schematisch skizzierte Entwicklungsbaum basiert auf den genannten Daten.

Dabei ist zu beachten, daß aus den relativen Abständen nicht ohne weiteres auch die relativen Zeiten resultieren. Das wäre nur möglich, wenn die Mutationsraten über den gesamten Zeitbereich der Evolution konstant geblieben wären. Es steht jedoch fest, daß die Geschwindigkeit der Evolution zu Beginn größer war als in späteren Phasen. Denn die Fehlerrate war anfangs sehr hoch und mußte mit zunehmendem Informationsumfang entsprechend abnehmen. Somit sind die relativen Abstände lediglich als obere Grenzwerte zu verstehen. Wir schließen daraus, daß die Entstehung des genetischen Codes um weniger als eine Milliarde Jahre vor der Verzweigung der Archae- und Eubakterien datiert. Mit anderen Worten: Der genetische Code ist jünger als vier Milliarden Jahre. Das überrascht vielleicht nicht so sehr den Biologen; indes fundiert diese Aussage zum erstenmal auf experimentellen Fakten. Bislang konnte keineswegs die Vermutung ausgeräumt werden, daß das Alter der Erde möglicherweise nicht ausgereicht habe, um ein so komplexes Gebilde wie die Ur-Zelle mit ihrem subtilen biochemischen Instrumentarium evolvieren zu lassen[6].

4. Nucleinsäuren als Informationsspeicher: Der Übergang von der Chemie zur Biologie[31]

Die Logik des Lebenden hat ihren Ursprung in Physik und Chemie. Dennoch nahm sie bereits sehr früh eigenständige Gestalt an. Die Nucleinsäuren stehen an der Grenze zwischen Chemie und Biologie. Ihre spezifisch chemischen Eigenschaften bilden die Voraussetzung, um aus Nicht-Leben Leben werden zu lassen.

Die monomere Untereinheit der Nucleinsäuren, das Nucleotid, ist eine definierte chemische Verbindung[43]. Sie ist aus drei Molekülklassen zusammengesetzt: Phosphat, Zucker (Ribose oder Desoxyribose) und Nucleobase:

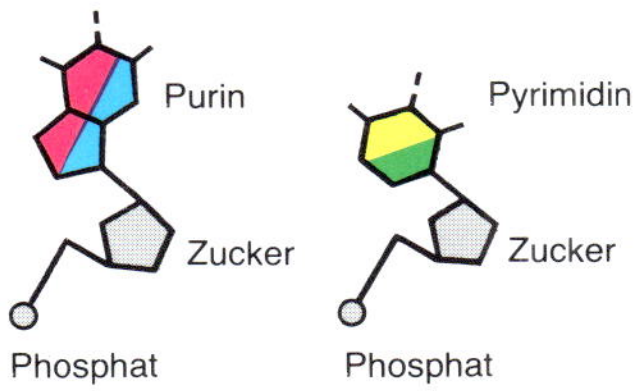

Liegen die monomeren Bausteine in energiereicher Form – zum Beispiel als Triphosphate – vor, so vereinigen sie sich auch ohne katalytische Unterstützung von Enzymen spontan zu makromolekularen Ketten.

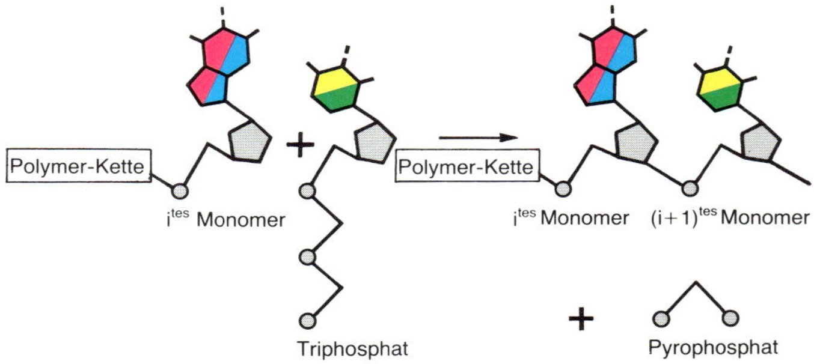

Immer noch haben wir es mit einem typisch chemischen Prozeß zu tun. Doch auf dieser Stufe wird bereits eine wesentliche Vorbedingung für Selektion und Evolution erfüllt. Die entstehenden Nucleinsäureketten sind metastabiler Natur. Sie bilden sich spontan aus energiereichen Monomeren und zerfallen im wäßrigen Milieu schließlich immer in energiearme Bruchstücke. Bildung und Zerfall sind also nichtumkehrbare Prozesse. Die Nucleinsäuren befinden sich in Gegenwart von Wasser nicht im chemischen Gleichgewicht. Selektion und Evolution erfordern jedoch einen solchen Zustand weitab vom Gleichgewicht. Sie wären sonst nicht in der Lage, ihre charakteristische Wirkung, die zu optimaler Anpassung aller Lebensfunktionen führt, zu entfalten. Im lebenden Organismus müssen die energiereichen Bausteine durch Metabolismus ständig nachgebildet werden. Ja, die Nucleinsäurebausteine in Form der energiereichen Triphosphate, vor allem das Adenosintriphosphat (ATP), haben in der Evolution generell die Aufgabe des Kraftstoffes der Zelle übernommen, mit dem sämtliche Reaktionen in Gang gehalten werden und mit dessen Hilfe in höheren Organismen auch die Muskelarbeit geleistet wird.

Wir befinden uns jetzt an der essentiellen Stufe, die von der Chemie in die Biologie führt: Die in den makromolekularen

Ketten verankerten vier Nucleobasen übernehmen die Rolle von Sprachsymbolen. Die Abfolge dieser Symbole vermag eine Nachricht zu codieren. Hier entsteht eine völlig neue Qualität, die in der physikalisch-chemischen Begriffswelt, in der von materiellen Wechselwirkungen, von Atomen, Molekülen oder Kristallen, von Energieformen und deren Umwandlungen die Rede ist, nicht vorkommt: Information.

Die Definition von Information verlangt erstens eine begrenzte Anzahl von Symbolen, zweitens die Verknüpfung dieser Symbole zu Ketten, zu Sätzen, deren Aufbau durch eine Grammatik und deren Sinn mittels semantischer Vereinbarungen festgelegt sind, sowie drittens – das wird zumeist stillschweigend vorausgesetzt – eine Vorrichtung zum Lesen (und gegebenenfalls Übersetzen) der in den Symbolabfolgen enthaltenen Nachricht[7].

Sämtliche Voraussetzungen für den Gebrauch der Nucleinsäuren als Informationsspeicher werden durch die Chemie erfüllt:

- Die Nucleinsäuren bedienen sich vierer, chemisch klassifizierter Verbindungen, zweier Purine (A und G als Abkürzungen für Adenin und Guanin) und zweier Pyrimidine (T und C als Abkürzungen für Thymin und Cytosin). Die Nucleobase T wird lediglich in Desoxyribonucleinsäuren (DNA) verwandt. In der Ribonucleinsäure (RNA), dem Schwestermolekül der DNA, das sich von dieser bloß im Zucker (Ribose statt Desoxyribose) unterscheidet, wird anstelle von Thymin das einfachere Pyrimidin Uracil (U) eingesetzt.
- Die Verknüpfung der Nucleotide zum Makromolekül gewährleistet einen metastabilen, somit lediglich temporären Zusammenhalt der Nachricht.
- Es existiert eine durch Wasserstoffbrücken vermittelte spezifische Wechselwirkung zwischen jeweils einem Purin und einem Pyrimidin, und zwar lagern sich bevorzugt A mit T (oder U) und G mit C aneinander. Man spricht von

Komplementarität der beiden jeweils zur Wechselwirkung befähigten Basen. Diese allein sorgt dafür, daß die Nachricht überhaupt lesbar wird und daß die temporär stabile Information durch Reproduktion unbegrenzt erhaltbar bleibt. Darüber hinaus vermittelt die Komplementarität Erkennungsfunktionen, von denen bei der Übersetzung der genetischen Nachricht, sowie bei Steuer- und Regelfunktionen, Gebrauch gemacht wird.

Die beiden Basenpaare besitzen ähnliche Geometrie, unterscheiden sich aber in ihrer Stärke; das durch zwei Wasserstoffbrücken verknüpfte AU-Paar ist weniger stabil als das durch drei Wasserstoffbrücken verknüpfte GC-Paar.

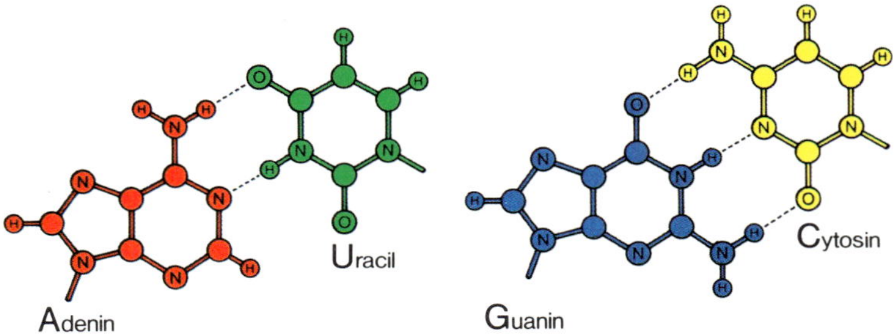

Drücken wir die Symbole durch eine vereinfachte Schreibweise aus:

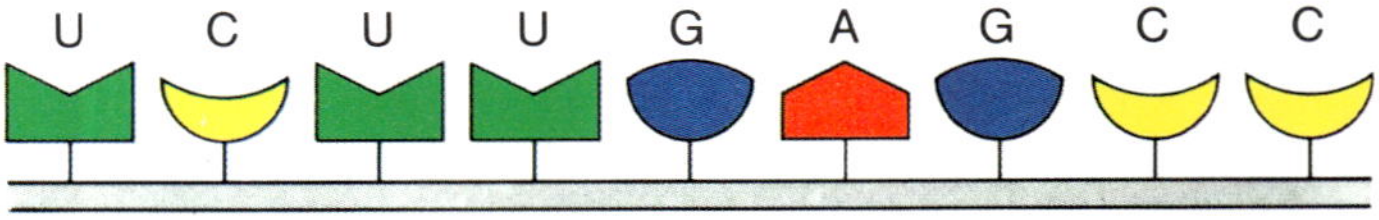

so läßt sich der Reproduktionsprozeß folgendermaßen charakterisieren:

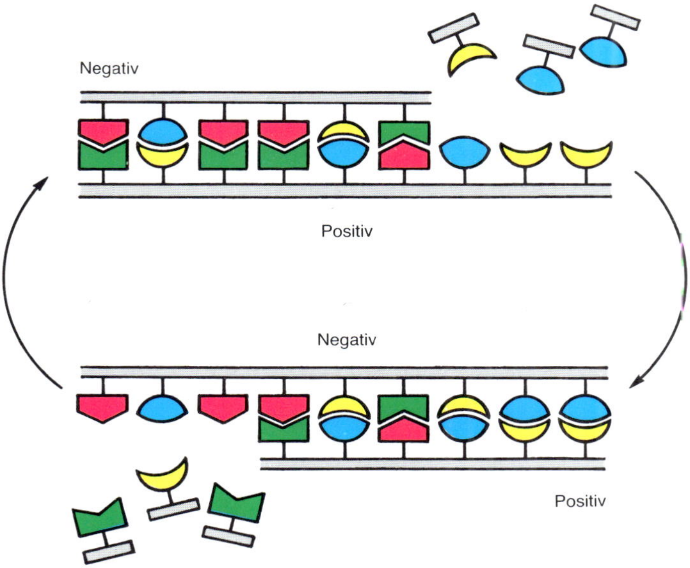

Die Replikation verläuft – ähnlich wie in der Photographie – über die Zwischenstufe des Negativs.

Zu berücksichtigen ist noch, daß die Replikation nicht exakt erfolgt, da die komplementäre Wechselwirkung von endlicher Stärke ist und durch die molekulare Wärmebewegung, wie auch durch chemische Fluktuationen, gestört wird. So entstehen – durch Reproduktionsenzyme kontrollierbar – Fehlkopien, Mutanten, die das Reservoir für die im Evolutionsprozeß benötigten Abänderungen bilden. Selbstreproduktion, Mutagenität und der seitens der Metastabilität der Molekülketten erzwungene Metabolismus – allesamt Charakteristika von Lebewesen – erscheinen zusammen mit den Nucleinsäuren auf der Bildfläche der Evolution, ja sie sind streng an diese Molekülklasse gebunden. Die erwähnten Eigenschaften des Informationsspeichers erweisen sich zudem als hinreichend, um einen Evolutionsprozeß zu initiieren, aus dem letzten Endes sinnerfüllte genetische Nachrichten hervorgingen. Die aufregende Geschichte der Entdekkungen, die uns Einsicht in diesen Prozeß der molekularen Evolution des Informationsspeichers verschaffen, ist in Anmerkung 44 skizziert.

5. Strukturformen der Nucleinsäuren[45]

Die Nucleinsäuren treten hauptsächlich in zwei chemischen Modifikationen auf, den DNA- und RNA-Formen. DNA ist chemisch inerter als RNA, sie wird im wäßrigen Milieu nicht so schnell abgebaut (hydrolisiert) wie ihr Schwestermolekül. Außerdem hat der DNA-Einzelstrang die Tendenz, sich mit dem komplementären Negativstrang zu einer stabilen Doppelhelix zu vereinigen. Auf diese Weise kann die DNA eine Lebensdauer erreichen, die mit der des Organismus kompatibel ist. Wo immer ein vorzeitiger Abbau notwendig wird, muß er durch spezielle Enzyme herbeigeführt werden. In der Abbildung wird die von James D. Watson und Francis H. C. Crick zuerst ermittelte B-Form der DNA-Doppelhelix gezeigt. Sie stellt die am häufigsten gebrauchte Speicherform der genetischen Information dar[46].

Die RNA hat nicht nur die Rolle eines Nachrichtenübermittlers (mRNA = messenger-RNA), sondern sie ist außerdem mit einer Reihe von Aufgaben im Reproduktions- und Übersetzungsapparat der Zelle betraut. Ihre Zucker-Phosphat-Bindung ist chemisch anfälliger als die der DNA; die RNA hat daher eine wesentlich kürzere Lebensdauer. Dazu kommt ein stärkerer Hang zur Basenpaarbildung, aufgrund dessen sich bereits zwischen komplementären Bereichen im Einzelstrang stabile Basenpaare ausbilden. Somit kann es erst gar nicht zu einer Doppelstrangbildung zwischen den intern

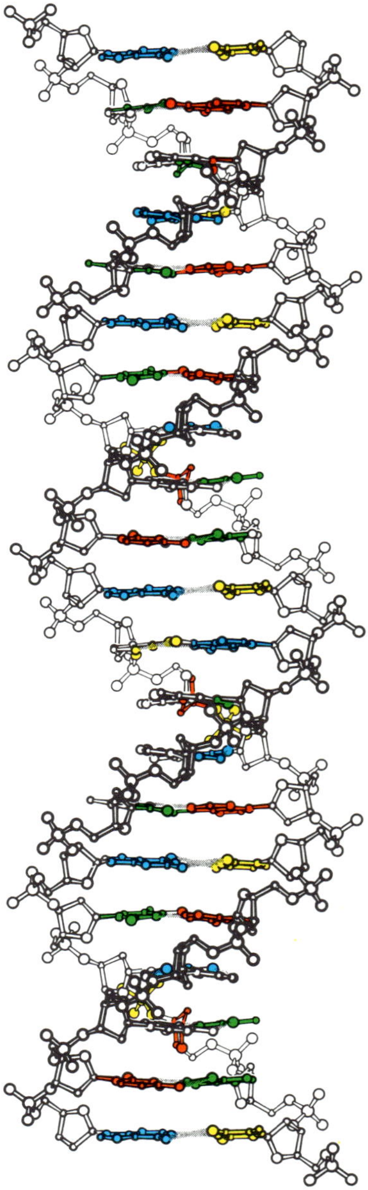

gefalteten Positiv- und Negativsträngen kommen. Das einsträngige RNA-Molekül ist dann allerdings in seinen ungepaarten und folglich ungeschützten Bereichen besonders anfällig für die Hydrolyse – zusätzlich zu seiner chemisch bedingten Disposition. Als Nachrichtenträger übermittelt die RNA die genetische Information, die zuvor mit Hilfe eines Enzyms aus dem DNA-Gen kopiert wurde, zur Proteinsynthesefabrik der Zelle und instruiert dort den Aufbau eines Proteins, das als Enzym oder als Kontrollfaktor den Funktionsablauf in der Zelle regelt. Sobald die mRNA ihre Aufgabe erfüllt hat, wird sie enzymatisch abgebaut. Durch Kontrolle von Synthese und Abbau können die Nachrichtenfunktion der mRNA und die Proteinsynthese reguliert werden.

In der Evolution ist die RNA der DNA vorangegangen. Daraus folgt, daß die meisten funktionellen – das heißt nicht mit der Informationsspeicherung betrauten – Nucleinsäuren RNA-Moleküle sind, die als solche frühzeitig im Evolutionsprozeß fixiert wurden. Zu diesen gehören die ribosomalen Nucleinsäuren (rRNA = Struktur- und Funktionselemente der Ribosomen, der Proteinsynthesefabriken der Zelle) sowie die Transfernucleinsäuren (tRNA = Bindeglied zwischen Nachrichten- und Funktionsträger). Diese Nucleinsäuren sind generell einzelsträngig und räumlich hochstrukturiert. Als Beispiel wird die tRNA für das Codon UUC gezeigt. Alle tRNA-Moleküle falten sich aufgrund interner Basenpaarungen analog dem gezeigten »Kleeblatt« (Sekundärstruktur).

Erst die dreidimensionale Faltung bedingt die funktionell wirksame Form (Tertiärstruktur), in der das Anticodon (Position 34, 35, 36) sowie die an Position 76 gebundene Aminosäure in der für ihre Aufgabe erforderlichen – exponierten – räumlichen Konstellation vorliegen[47].

Weitere einsträngige RNA-Moleküle sind vor allem bei den Viren zu finden.

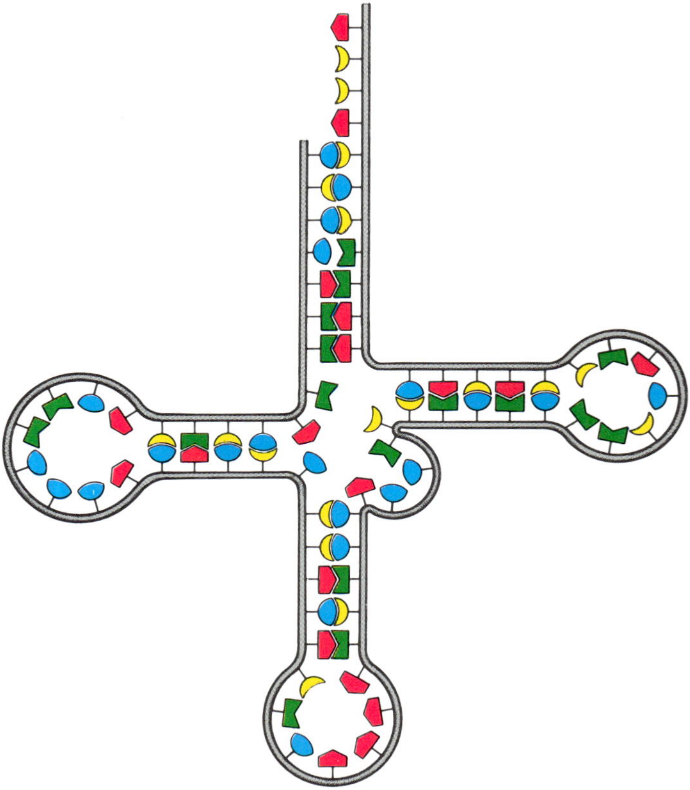

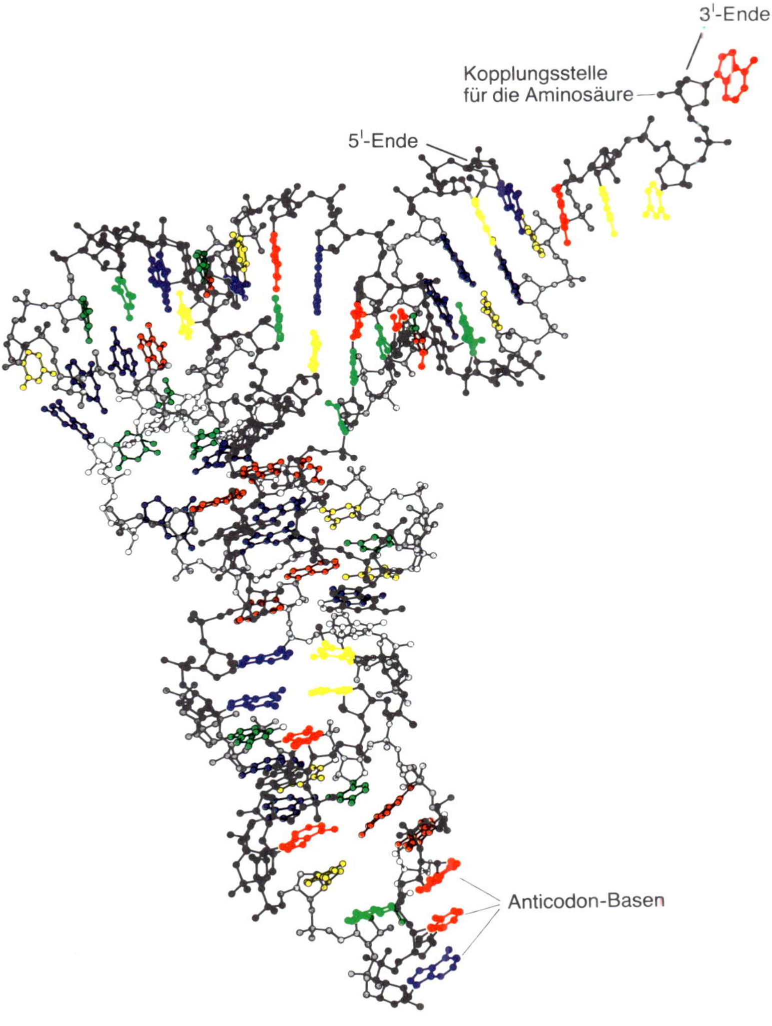
3'-Ende
Kopplungsstelle
für die Aminosäure
5'-Ende
Anticodon-Basen

6. Die molekularen Funktionsmittler der Zelle: Die Proteine[31]

Die molekulare Exekutive lebender Systeme sind die Proteine. Als Katalysatoren (Enzyme) sowie als Regelfaktoren (Promotoren, Repressoren etc.) steuern sie die gesamte Chemie in der Zelle. Darüber hinaus finden sie neben Lipiden (fettartigen Substanzen), Polysacchariden (langkettigen Zukkern) und deren Proteinverbindungen, Lipo- und Glycoproteinen, Verwendung als Rezeptoren sowie als Stütz- und Baumaterial mit zum Teil einzigartigen mechanischen Eigenschaften. Da die Proteine – im Gegensatz zu den Nucleinsäuren – nicht »lesen« können, muß ihre Synthese durch die Nucleinsäuren instruiert werden (siehe Tafel 7). Dafür können die Proteine eine große Fülle von anpassungsfähigen Strukturen aufbauen, nicht zuletzt dank ihrem größeren Repertoire an chemisch aktiven Bausteinen. Die Bauelemente der Proteine sind die Aminosäuen. Ähnlich wie die Nucleotide lassen sie sich zu makromolekularen Ketten kondensieren.

Zwei Aminosäuren verschmelzen unter Abspaltung eines Wassermoleküls zum Dipeptid. Die in den Seitenketten R_1 beziehungsweise R_2 zum Ausdruck kommende Individualität der Aminosäurebausteine bleibt dabei erhalten.

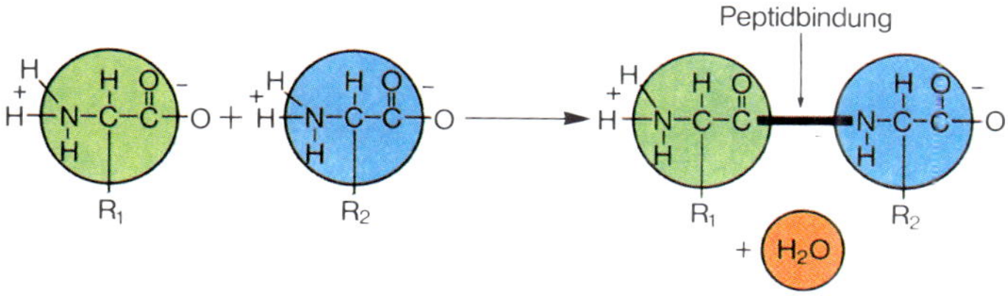

Die Iteration dieses Vorgangs führt zur linearen Polypeptidkette, der Primärstruktur der Proteine. Als Beispiel ist die Sequenz von Cytochrom c, einem Ferment der Atmungskette, abgebildet.

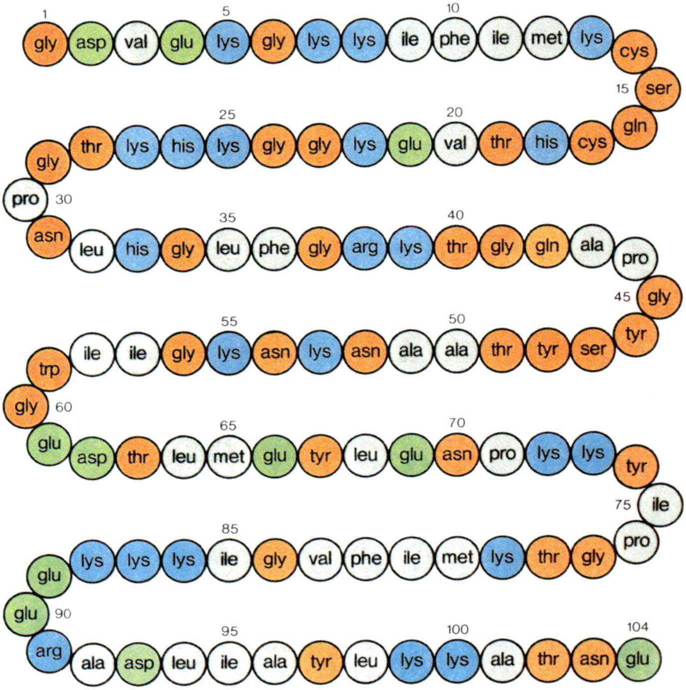

Die Kurzbezeichnungen der Aminosäurebausteine bedeuten:

ala = Alanin
arg = Arginin
asn = Asparagin
asp = Asparaginsäure
cys = Cystein
gln = Glutamin
glu = Glutaminsäure
gly = Glycin
his = Histidin
ile = Isoleucin
leu = Leucin
lys = Lysin
met = Methionin
phe = Phenylalanin
pro = Prolin
ser = Serin
thr = Threonin
trp = Tryptophan
tyr = Tyrosin
val = Valin

Die Farben unterscheiden vier Gruppen von Seitenketten R_i:

- positiv geladen
- polar ambivalent
- negativ geladen
- unpolar (hydrophob)

Die lineare Peptidkette ist räumlich gefaltet. Man unterscheidet die Sekundär- und die Tertiärstruktur. Die Sekundärstruktur entsteht durch Wasserstoffbrücken zwischen den CO- und NH-Gruppen der Peptidkette. Besonders häufig ist die »Bügelfaltenstruktur« (zwei antiparallel laufende, durch CO...HN-Brücken verknüpfte Peptidstränge), oder die α-Helix (Verdrillung der Peptidkette durch H-Brücken zwischen einer CO- und der viertnächsten NH-Gruppe). Im Cytochrom c sind die Bereiche 1 bis 12 und 89 bis 101 helical angeordnet. Durch Wechselwirkungen zwischen den Seitenketten wird die Tertiärstruktur räumlich fixiert. Sie führt zur Ausbildung des aktiven Zentrums. Im Cytochrom c sitzt im aktiven Zentrum der Porphyrinkomplex des Eisens als Elektronen-Donor (Fe^{2+}) beziehungsweise -Akzeptor (Fe^{3+}). Das aktive Zentrum ist infolge der exakt festgelegten Faltung der Peptidkette absolut substratspezifisch. Die katalytische Wirksamkeit des Eisenkomplexes wird durch die Seitenketten der Aminosäuren unterstützt. Eine Änderung der räumlichen Struktur würde einen drastischen Abfall der katalytischen Aktivität zur Folge haben. Im Modell (nach Dickerson[48]) sind ausschließlich die räumlichen Anordnungen der Aminosäurebausteine (farbig) inklusive der Seitenketten (R_i) wiedergegeben. Die räumliche Lage jedes einzelnen Atoms in diesem Riesenmolekühl kann mit Hilfe der Röntgenbeugungsmethode[49] auf zwei Ångström genau festgelegt werden.

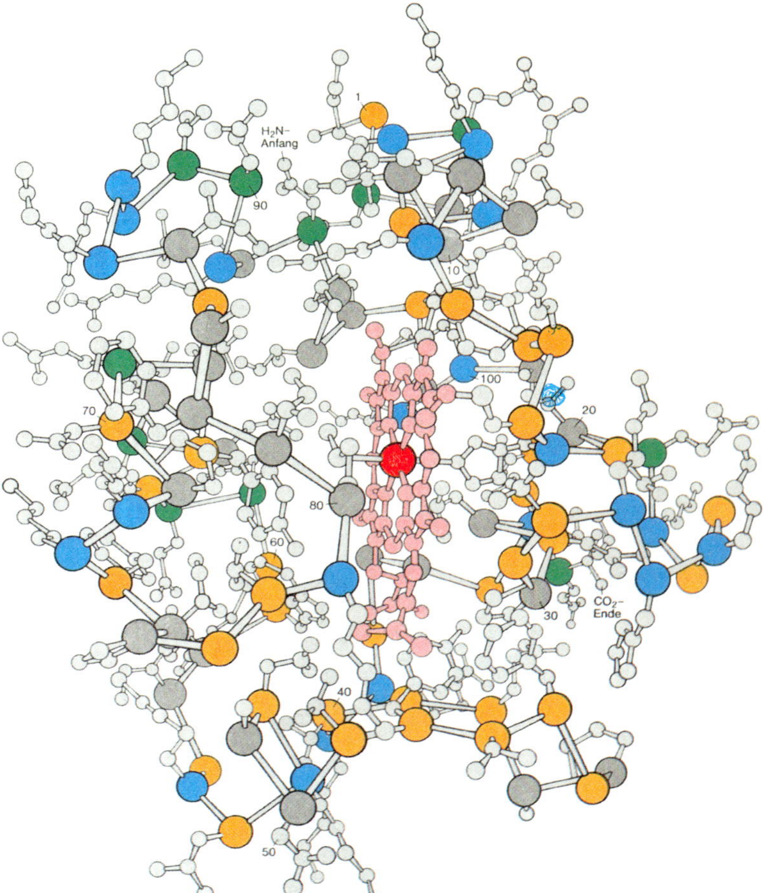
1
H2N-
Anfang
90
10
100
70
20
80
60
CO2-
Ende
30
40
50

7. Instruktion: Reproduzieren, Lesen und Übersetzen[31]

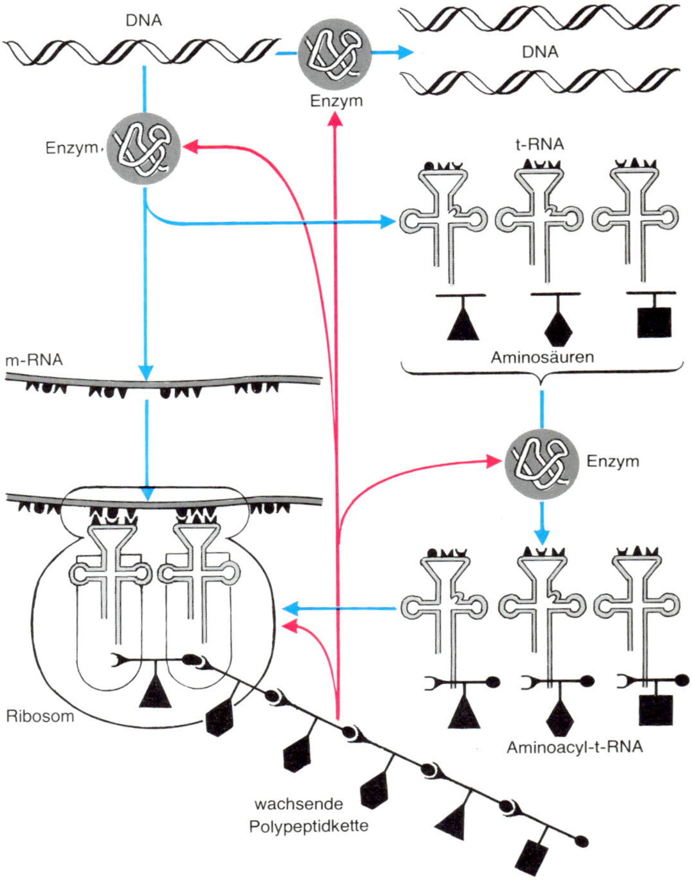
DNA
Enzym
DNA
Enzym
t-RNA
Aminosäuren
m-RNA
Enzym
Ribosom
Aminoacyl-t-RNA
wachsende
Polypeptidkette

Sämtliche Funktionen der Übertragung von genetischer Information basieren auf der Komplementarität der Nucleinsäurebausteine. Das gilt für die Reduplikation der DNA im Genom der Zelle, also für die Langzeiterhaltung der genetischen Information, für die Umschreibung (Transkription) der Information in kurzlebige mRNA zwecks Instruktion der Proteinbiosynthese, und schließlich für die Instruktion der Proteinsynthese selbst. Jede Aminosäure hat einen Adaptor, ein tRNA-Molekül, mit einem Basentriplett (Anticodon), das komplementär zum Codon in der genetischen Nachricht ist – ebenfalls eine Dreierkombination von Basen, die jeweils für eine Aminosäure codiert (siehe Tafel 8).

Es ergibt sich das folgende (vereinfachte) Schema, in dem eine Reihe von Enzymen mitwirkt:

Für die Reproduktion der genetischen Nachricht ist die DNA-Polymerase zuständig, für ihre Transkription die DNA-abhängige RNA-Polymerase, für die Translation das Ribosom, und für die Aktivierung der verschiedenen Aminosäuren sind die Aminoacylsynthetasen verantwortlich. Der komplette Mechanismus schließt weitere Proteinfaktoren für Steuerung und Kontrolle ein. Es handelt sich um einen Rückkopplungsprozeß, da die gesamte Maschinerie selbst in der DNA codiert ist.

8. Der genetische Code[31]

Die Zuordnung der Aminosäuren zu den $4^3 = 64$ möglichen Dreierkombinationen der vier Nucleinsäurebausteine wird durch den genetischen Code geregelt[50]. Jedes Codon ist eindeutig einer Aminosäure zugeordnet, während umgekehrt einer Aminosäure mehrere Codons zugeordnet sein können. Das bewirkt Redundanz, die für eine Funktionalsprache, wie sie die Proteine repräsentieren, von Vorteil ist.

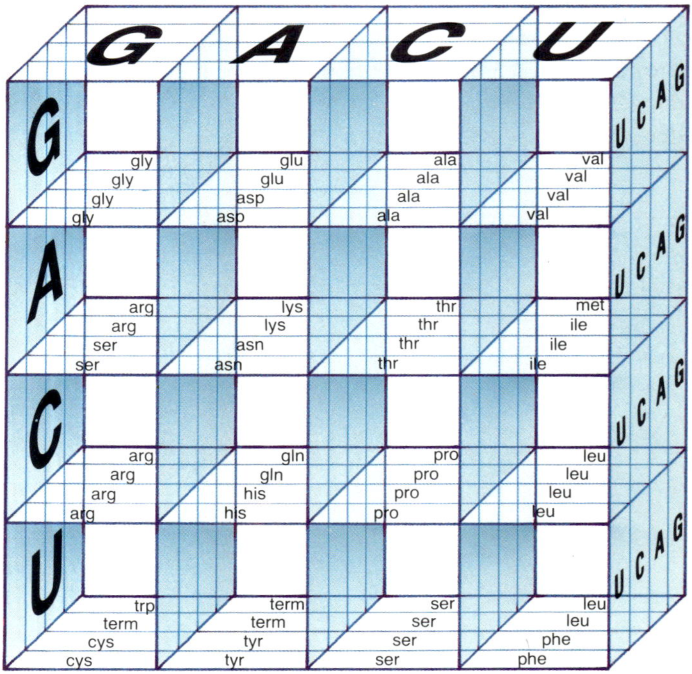

Die Information fließt im allgemeinen von der DNA über die RNA zu den Proteinen, die alles weitere bewerkstelligen. Es existieren aber auch rückläufig schreibende Enzyme, die RNA-Information in doppelsträngige DNA umkopieren. Sie wurden in sogenannten Retroviren (siehe Tafel 13) gefunden[51]. Der befallenen Wirtszelle wird auf solchem Wege artfremde Information einverleibt, die sie in vielen Fällen in eine Tumorzelle umwandelt.

Information, die in Proteinketten niedergelegt ist, kann dagegen nicht mehr kolinear in RNA zurückübersetzt werden. Wohl aber gibt es Reproduktionsenzyme (beispielsweise in bestimmten Bakterienviren), die ohne Nucleinsäurematrizen RNA-Ketten de novo aufbauen[52]. Die de novo-Produkte enthalten kurzkettige Muster, die vom aktiven Zentrum des Proteins geprägt werden. All diese Abweichungen vom »Dogma« der Molekularbiologie, das einen vektoriellen Informationsfluß postuliert, stellen Ausnahmen von der Regel dar, die nichtsdestoweniger in der Biotechnologie große Bedeutung erlangt haben (Tafel 11, 14).

9. Die Quasispezies (Klonieren von Mutantenverteilungen)

Für eine Sequenzanalyse werden im allgemeinen etwa 10^{10} RNA-Moleküle benötigt. Das sind im Falle des Influenza-Virus weniger als ein zehnmillionstel Gramm. Erhält man nun eine klar definierte Sequenz, so könnte man daraus den Schluß ziehen, daß die Molekülverteilung zu (fast) hundert Prozent aus identischen Sequenzen besteht. Ein solcher Schluß ist aber voreilig, wie das Sprachbeispiel in Tafel 1 zeigt. Eindeutig ist allein die dominante Besetzung in jeder Position. Wenn in jeder Position auch nur ein hundertstel Prozent der Sequenzen abweichend besetzt ist und wenn diese Abweichungen sich gleichmäßig auf alle Positionen verteilen, so ist für die circa zehntausend Nucleotidpositionen eines RNA-Virusmolküls die Wahrscheinlichkeit gering, überhaupt noch eine fehlerfreie Sequenz zu finden. Charles Weissmann und seine Mitarbeiter haben diesen Sachverhalt zum erstenmal an einer Mutantenverteilung des Bakterienvirus Q_β untersucht[14, 53]. Man muß zu diesem Zweck für einzelne Mutanten eine Nachkommenschaft aufbauen, deren Konsensus-Sequenz zu bestimmen ist. Die Nachkommenschaft einer Mutante nennt man Klon.

Der erste Schritt beim Klonieren besteht im Abfangen individueller Viruspartikel beziehungsweise einzelner DNA- oder RNA-Moleküle. Man geht von einer Suspension bekannter Konzentration aus – wir nehmen einmal 10^8 Viruspartikel pro Mikroliter an. Diese Suspension wird der seriellen Verdünnung unterworfen, indem man – beispielsweise – hundertfach verdünnt, davon ein Hundertstel abpipettiert, dieses wiederum hundertfach verdünnt und so weiter. Nach viermaliger Wiederholung hat man statt 10^8 lediglich noch – im Mittel – *eine* Viruspartikel im Mikroliter. Von einer derartig verdünnten Lösung nimmt man hundert Mikroliter und unterteilt sie in hundert Einmikroliterproben. Dabei erhält man eine Poisson-Verteilung, in der etwa ein Drittel der Proben keine, ein Drittel eine und ein Drittel mehr als eine Viruspartikel enthalten. Will man die Mehrfachbesetzung ausschließen, muß man höher verdünnen, etwa so, daß lediglich in einem Zehntel der Proben eine Viruspartikel erscheint. Die Proben werden anschließend mit Bakterien oder anderen Wirtszellen oder gar einem künstlichen Wachstumsmedium inkubiert. Die Viruspartikel können sich darin vermehren. Zuletzt werden die klonierten Moleküle – wenn sie in genügender Menge vorhanden sind – der Sequenzanalyse unterworfen.

Bei diesem Verfahren gibt es allerdings eine Schwierigkeit[54]. Alle Mutanten sind ja nahe Verwandte der dominanten Sequenz des Wildtyps. Sobald sie sich reproduzieren, erzeugen sie selbst wiederum Mutanten, und eine dieser Mutanten ist der zuvor dominierende, effizientere Wildtyp. Man spricht von einer Revertante, die nun hochwächst und die klonierte Mutante verdrängt. Freilich ist die Mutante zunächst noch im Vorteil, denn sie liegt schon in vielen Exemplaren vor, ehe die Revertante auftritt. Die Mutante muß, damit sie nicht von der Revertante eingeholt wird, sich mit ähnlicher Effizienz wie diese vermehren. Allerdings wird sie nach längerer Zeit immer vom Wildtyp überwuchert, denn nur wirklich neutrale Sequenzen könnten mit vergleichbarer Häufigkeit koexistieren. Das würde sich durch simultan besetzte Positionen in der Sequenzanalyse bemerkbar machen. Bei Varianten des Bakterienvirus Q_β sind solche Fälle bekannt[13].

Einige Quasispezies-Verteilungen, künstliche wie auch natürliche (Viren), sind in den letzten Jahren analysiert worden[13, 14, 52, 53]. Es resultiert daraus das von der Theorie gezeichnete Bild. Für den Virologen bedeutete die hohe Mutationsrate der RNA-Viren zunächst eine Überraschung. Das Influenza-Virus evolviert mit einer millionenfach höheren Rate[41] als autonome Mikroorganismen (siehe Tafel 2). Es besitzt ein Genom, das aus acht unabhängigen RNA-Sequenzen besteht und insgesamt circa vierzehntausend Nucleotide umfaßt. Eine Viruskolonie stellt eine Quasispezies-Vertei-

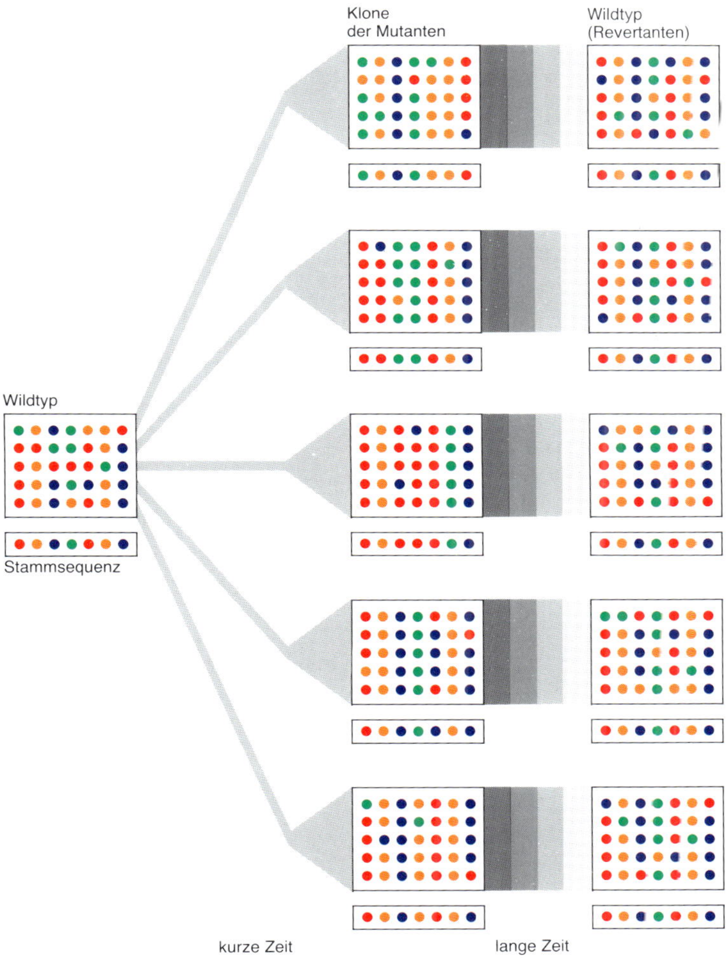
Klone
der Mutanten
Wildtyp
(Revertanten)
Wildtyp
Stammsequenz
kurze Zeit
lange Zeit

lung dar, die in bezug auf ihre Fehlerrate optimal abgestimmt ist. Für eine künstliche, an das Reproduktionsenzym des Bakterienvirus Q_β angepaßte RNA-Sequenz konnte das Mutantenspektrum der Quasispezies, das eine Reihe fast neutraler Varianten einschließt, experimentell bestimmt werden[52]. Analoge Befunde wie beim Influenza-Virus ergaben sich bei den Erregern der Maul- und Klauenseuche und der Vesikulären Stomatitis[53]. Soll die Wildtyp-Sequenz in der Quasispezies absolut dominant vertreten sein, so muß sie gegenüber allen Mutanten einen hohen Selektionsvorteil besitzen. (Ein solcher Fall wird in Tafel 10 behandelt.) Das trifft möglicherweise für das Polio-Virus, den Erreger der Kinderlähmung, zu[54]. Anders als Influenza entzieht sich die Poliomyelitis nicht der Immuntherapie und ist deshalb inzwischen fast ausgerottet.

10. Das Konzept der molekularen Quasispezies[12, 13, 14, 15]

In der klassischen Populationsgenetik stand der Wildtyp, die bestangepaßte Sequenz, im Mittelpunkt des Interesses. Er galt als Zielscheibe der Selektion, erzeugt durch einen Zufallstreffer der Mutation. Aus Klonierungsexperimenten (siehe Tafel 9) und aus theoretischen Überlegungen wissen wir heute, daß eine solche Interpretation für molekulare Replikatoren, Viren und Mikroorganismen nicht zutrifft. Bei diesen Systemen haben wir es im allgemeinen mit vergleichsweise kleinem Informationsgehalt (10^3 bis 10^6 Nucleotide), dafür aber mit einer großen Partikelzahl (10^{10} bis 10^{12}) zu tun. Mutanten, die nahe Verwandte der Consensus-Sequenz sind, treten reversibel auf. Sie werden zum einen im Selektionsprozeß mitbewertet, zum anderen nehmen sie Einfluß auf das zukünftige Schicksal der Verteilung, denn sie können die Vorläufer vorteilhafter Mutanten sein, deren Erscheinen vom Besetzungsgrad des Mutantenspektrums abhängt. Wir betrachten die Mutantenbesetzung an zwei Beispielen.

Der erste Fall wurde von Peter Schuster und Jörg Swetina am Computer simuliert[55]. Man geht von einem bestangepaßten Typ aus, der seinen Mutanten weit überlegen ist. Er reproduziert sich zehnmal so schnell wie alle übrigen Mutanten. Aus Gründen der Anschaulichkeit nimmt man eine Sequenz von nur fünfzig Bausteinen an, die aus zwei Symbolklassen R und Y besteht. Man trägt die relative Populationszahl von Wildtyp und Mutanten $\bar{x}_d$ gegen die absolute Fehlerrate $(1-\bar{q})$ auf. Der Index d gibt den Abstand zum bestangepaßten Typ an. Man nennt diesen den Hamming-Abstand. $\bar{x}_d$ ist die Zahl der Individuen mit dem Abstand d, dividiert durch die Gesamtzahl aller vorhandenen Individuen. Der Index null bezieht sich auf den bestangepaßten Typ. Die $\bar{x}$-Werte (mit Indices d = eins bis fünfzig) repräsentieren jeweils die Summe aller Mutanten der Fehlerklasse eins bis fünfzig. $\bar{x}_1$ enthält somit sämtliche Einfehler-Mutanten, gleichgültig in welcher Position sie vom Wildtyp abweichen. Die $\bar{x}$-Werte können zwischen null und eins variieren, ihre

Summe ist gleich eins. Die Fehlerrate (1-$\bar{q}$) gibt die Wahrscheinlichkeit an, mit der eine Position mutiert. Eine mittlere Fehlerrate von 0.01 bedeutet, daß bei der Reproduktion im Mittel jede hundertste Position falsch besetzt wird. Das obere Diagramm zeigt direkt die Populationszahlen, das untere ihre logarithmischen Werte.

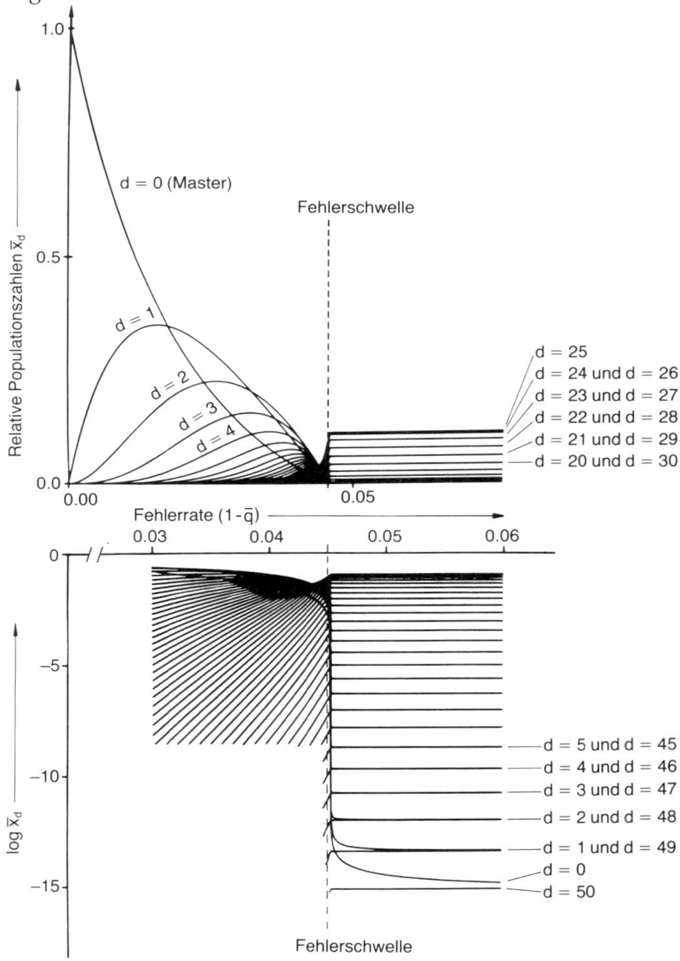

Man erkennt: Nur bei der Fehlerrate null gibt es eine klare »Alles-oder-nichts«-Entscheidung (»survival of the fittest«). Mit wachsender Fehlerrate sinkt die Populationszahl des Wildtyps ($\bar{x}_o$) schnell auf niedrige Werte. Bald sind (insgesamt) mehr Ein-, Zwei-, Dreifehlermutanten usw. vorhanden als Wildtyp, der dann in einem Klonierungsexperiment nicht mehr zu finden wäre. Trotzdem ist der Wildtyp noch stabil selektiert, die Mutanten sind symmetrisch um diesen verteilt. Die Sequenz des Wildtyps ist als Konsensus-Sequenz eindeutig definiert. Erst bei Erreichen eines Schwellenwertes, im Bild bei $1-\bar{q} = 0.046$, zerfließt plötzlich die Information. Dieser Sachverhalt ist besonders gut in der logarithmischen Auftragung zu erkennen. Die Populationszahl des Wildtyps fällt an der Fehlerschwelle fast abrupt auf 10^{-15}. Das ist – bei einer Sequenzlänge von fünfzig binären Symbolen – ihr Erwartungswert für den Fall, daß keinerlei Bevorzugung existiert. Die vorliegende Wildtypsequenz ist dann lediglich eine von $2^{50} \approx 10^{15}$ möglichen Varianten. Die Einfehler-Mutanten, von denen es fünfzig verschiedene gibt, treten entsprechend häufiger auf. Analoges gilt für alle weiteren Mutanten bis hin zu den Fünfundzwanzigfehler-Mutanten, die in ihrer Gesamtheit am stärksten vertreten sind. Jede individuelle Mutante hat jetzt den gleichen Erwartungswert: $2^{-50} \approx 10^{-15}$. Die Information des Wildtyps ist dabei restlos verlorengegangen.

Der Prozeß sieht wie eine Phasenumwandlung aus. Die Fehlerschwelle entspricht der Schmelztemperatur. Die Information schmilzt jenseits der Fehlerschwelle infolge einer lawinenartigen Fehlerakkumulation dahin. Doch herrschen gleich unterhalb der kritischen Fehlerschwelle die günstigsten Bedingungen für die Evolution. In diesem Bereich ist der Wildtyp stabil, solange keine besser angepaßte Variante im Mutantenspektrum auftaucht. Gleichzeitig wird die maximal mögliche Menge von Mutanten erzeugt, und es finden sich sogar relativ weit vom Wildtyp entfernte Varianten ein. Bei einer Veränderung der Umwelt kann sich ein solches System schnell anpassen. Experimente mit Viren (Tafel 11) zeigen, daß natürliche Mutantenensembles tatsächlich an der Fehlerschwelle operieren. Systeme, die eine entsprechend angepaßte Fehlerrate besaßen, hatten im Evolutionsprozeß offensichtlich einen Vorteil. Der Schwellenwert der Fehlerrate ist umgekehrt proportional zur Informationsmenge beziehungsweise Sequenzlänge. Das Influenza-Virus mit etwa vierzehntausend Nucleotiden repliziert mit einer Fehlerrate knapp unterhalb von 10^{-4}. Bei der Bestimmung des exakten Wertes muß man auch berücksichtigen, um wieviel besser der Wildtyp gegenüber seinen Mutanten ist. Neutrale Mutanten[19] werden co-selektiert.

Das betrachtete Diagramm gilt für eine Verteilung, in der alle Mutanten symmetrisch um den Wildtyp angeordnet sind und untereinander den gleichen Fitnessgrad besitzen (ausgedrückt als Reproduktionsrate), der zehnmal kleiner als der des Wildtyps ist. Die Theorie zeigt, daß gerade fast-neutrale Mutanten, also solche, deren Fitnessgrad dem des Wildtyps nahezu gleichkommt, von besonderem Einfluß sind. Dies möge das zweite Beispiel verdeutlichen[56]. Im oberen Bildteil sind zwei Fitnesslandschaften skizziert, die – vom Wildtyp (in der Bildmitte) ausgehend – sich mit steigendem Hamming-Abstand nach links beziehungsweise rechts erstrecken. Die linke Seite mit der Landschaft einer Flachebene entspricht dem oben beschriebenen Exempel. Alle Mutanten sind (mindestens) zehnmal schlechter angepaßt als der Wildtyp. Im rechten Bildteil dagegen ist eine Gebirgslandschaft zu sehen. Mit steigendem Hamming-Abstand sinkt die Reproduktionsrate zunächst bis auf den halben Wert (relativ zum Wildtyp) ab, um sich später wieder der des Wildtyps zu nähern. (Eine derartige Landschaft stimmt durchaus mit den Verhältnissen in natürlichen Viruspopulationen überein.) In der unteren Bildhälfte sind die zugehörigen stationären Populationszahlen, diesmal für individuelle Mutanten aufgetragen. Die Sequenzlänge beträgt hier dreihundertsechzehn. Es handelt sich wiederum um binäre Sequenzen. Sämtliche Populationszahlen sind relativ zum Wildtyp: $\bar{x}_i/\bar{x}_0$ dargestellt und beziehen sich auf eine Fehlerrate $(1-\bar{q}) = 3.16 \cdot 10^{-3}$.

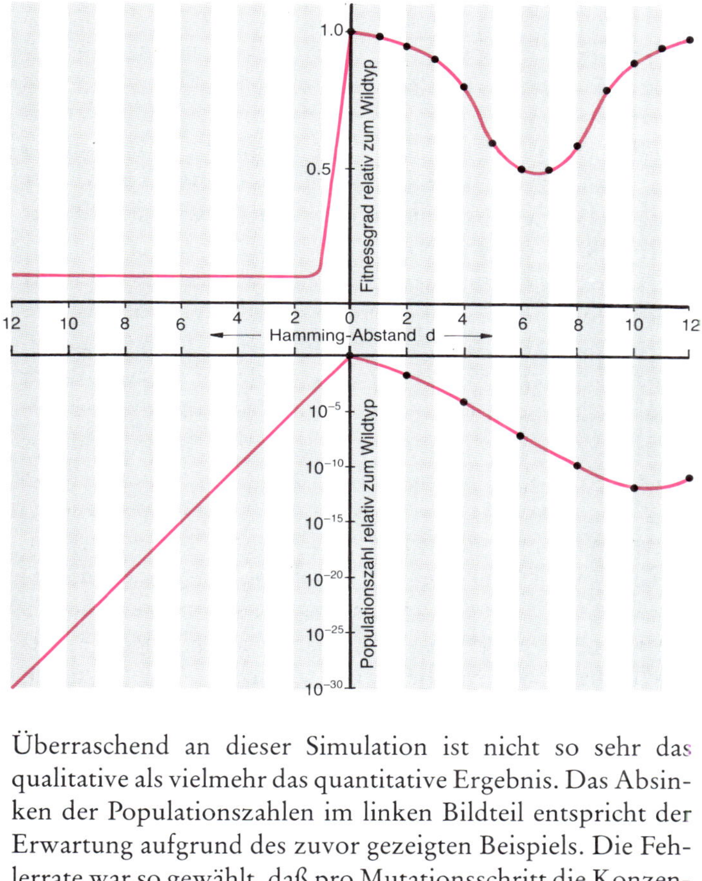

Überraschend an dieser Simulation ist nicht so sehr das qualitative als vielmehr das quantitative Ergebnis. Das Absinken der Populationszahlen im linken Bildteil entspricht der Erwartung aufgrund des zuvor gezeigten Beispiels. Die Fehlerrate war so gewählt, daß pro Mutationsschritt die Konzentration jeder individuellen Mutante um den Faktor dreihundertsechzehn abnimmt. Da es dreihundertsechzehn Einfehler-Mutanten gibt, sind im gezeigten Falle gleichviele Einfehler-Mutanten wie Wildtypsequenzen vorhanden. Indes erscheint die einzelne Zwölffehler-Mutante nur noch mit einer Wahrscheinlichkeit von 10^{-30}. Sie hätte keine Chance, in irgendeinem Laboratoriumsexperiment, bei dem man es üblicherweise mit 10^{10} bis 10^{12} Partikeln zu tun hat, je zum Vorschein zu kommen.

Ganz anders sieht es auf der rechten Bildseite aus: Die Populationszahl der Mutanten nimmt mit steigendem Abstand wesentlich schwächer ab, ja sie bleibt schließlich fast konstant. Das Auftreten der Zwölffehler-Mutante ist vorhersagbar und unausweichlich. Verblüffend ist der Unterschied in den Erwartungswerten der Populationszahlen beider Mutantenverteilungen, der in diesem Beispiel bis zu zwanzig Größenordnungen ausmacht. Er basiert auf dem Verstärkungseffekt infolge einer multiplikativen Relation: Die Zwölffehler-Mutante geht aus der Elffehler-Mutante hervor, diese aus der Zehnfehler-Mutante usw. Wir ersehen daraus, daß die Wahrscheinlichkeit für das Auftreten einer Mutante beeinflußbar ist. Entlang eines Grates der Wertlandschaft erfolgt die Produktion von Mutanten mit viel höherer Wahrscheinlichkeit als in einer flachen Wertregion. Da Grate zu Gipfeln führen, verläuft der Evolutionsprozeß aufgrund einer Selbststeuerung zielgerichtet. Hier offenbart sich der Unterschied zum klassischen Konzept Darwinscher Selektion und Evolution am deutlichsten. Die großen Zahlen verwandeln den quantitativen Effekt in eine neuartige Qualität.

11. Evolutionsexperimente

In den sechziger Jahren wurden zum ersten Male Evolutionsexperimente in vitro ausgeführt. Sol Spiegelman[57] und seine Mitarbeiter hatten das Reproduktionsenzym des Bakterienvirus Q_β isoliert und gereinigt. Sobald sie dieses in einer die Nucleinsäurebausteine in energiereicher Form enthaltenden Lösung gemeinsam mit dem isolierten Virus-Genom, einem aus viertausendzweihundert Nucleotiden zusammengesetzten, einsträngigen RNA-Molekül inkubierten, erhielten sie neusynthetisierte RNA-Stränge, die ebenso infektiös waren wie ihre natürlichen Vorfahren. Wenn man dieses Experiment durch serielle Übertragung der jeweils erhaltenen Produkte iterativ fortsetzt, gelangt man evolutiv zu schneller reproduzierenden, jedoch nicht mehr infektiösen Varianten. Die Prozedur unterscheidet sich insofern von der in Tafel 9 beschriebenen seriellen Verdünnung, als hier die Übertragung in eine jeweils frische Nährlösung erfolgt, in der sofort die Synthese einsetzt, die die vorher erfolgte Verdünnung wieder kompensiert. Auf diese Weise bleibt im zeitlichen Mittel die RNA-Konzentration konstant. Es wird jedoch Selektionsdruck ausgeübt, der die am schnellsten reproduzierenden Sequenzen begünstigt. Durch Änderung des Milieus, beispielsweise durch Beigabe eines Hemmstoffes, ist man in der Lage, die RNA-Matrize evolutiv so umzuprogrammieren, daß eine Hemmstoff-resistente Mutante resultiert.

Das Konzept gleicht dem des Bioreaktors oder Chemostaten, der in der Mikrobiologie seit langem Verwendung findet. Wenn man es mit großen Mengen (zum Beispiel zehn Liter einer Bakterienflüssigkultur) zu tun hat, ist die kontinuierliche Arbeitsweise des Flußreaktors dem seriellen Verfahren vorzuziehen. Man hält entweder die Zusammensetzung der Nährlösung konstant (Chemostat), *oder* man strebt durch kontrollierte Variation der Nährlösung und gleichzeitiger Messung der Trübung eine konstante Bakterienzahl an (Turbidostat: Die Trübung des Mediums ist ein Maß für die Bakterienzahl). Die Abbildung zeigt einen von Yuzuru

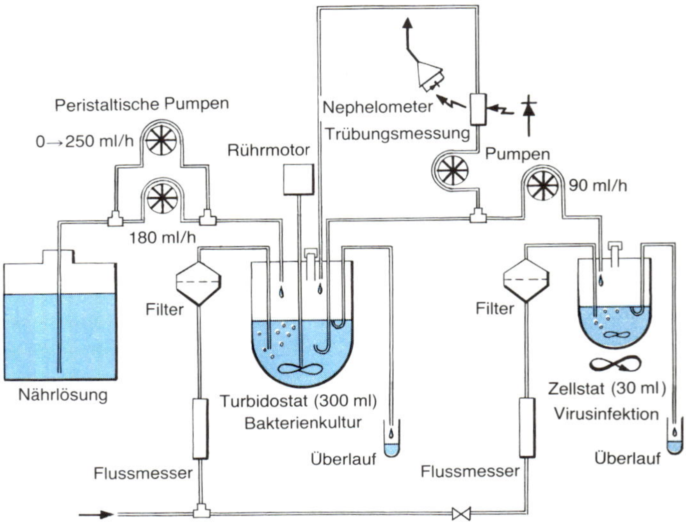

Husimi im Göttinger Max-Planck-Institut für biophysikalische Chemie aufgebauten Bioreaktor zur Züchtung von Viruskulturen und dessen Wirkprinzip[58]. Der Turbidostat dient als Reservoir für eine Bakterienkultur konstanter Populationsdichte. Er speist ein zweites Durchflußgerät (Zellstat), in dem die Virusinfektion unter definierten Selektionsbedingungen – bei stetiger Zufuhr frischer Bakterienzellen und ständigem Abtransport der Debris – stattfindet. Das Reaktionsdiagramm[59] zeigt den Ablauf einer Virusinfektion. Zur Zeit $t = 0$ werden Coli-Zellen vom Q_β-Virus infiziert. Nach ungefähr vierzig Minuten erfolgt der erste Ausstoß von etwa zehntausend Viren pro Bakterienzelle, der sich in regelmäßigen Zeitabständen wiederholt. Die Abnahme der Viruszahl zwischen den einzelnen »bursts« rührt von der ständigen Verdünnung der Viren durch Abfluß von Reaktionslösung und Zufluß frischer Coli-Zellen her. Die Lösung erreicht schließlich einen stationären Zustand, in dem die Erzeugung von Viren durch den Verdünnungsfluß exakt kompensiert

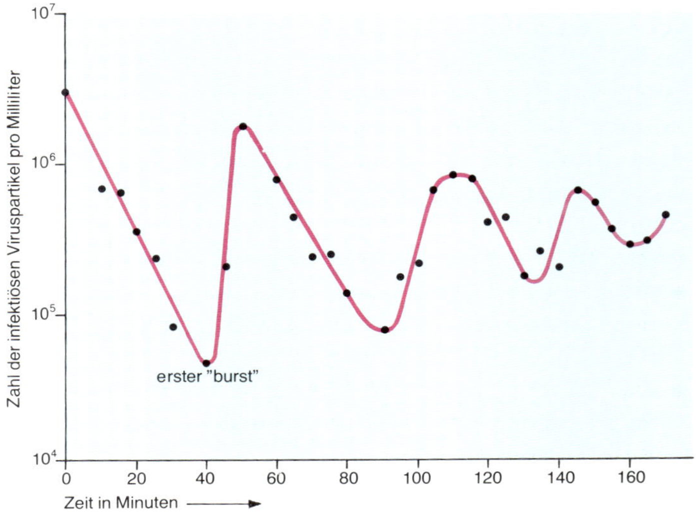

wird. Über den Verdünnungsfluß können auch Substanzen zugeführt werden, zum Beispiel Antibiotika, die einen bestimmten Selektionsdruck ausüben.

Will man derartige Experimente im Mikrolitermaßstab ausführen, so ist es zweckmäßiger, die serielle Übertragung anzuwenden. Das wesentliche ist auch hier, für optimale Reaktionsbedingungen zu sorgen. Die Erkenntnisse, die das Quasispezies-Modell lieferte, lassen sich in diesem Falle unmittelbar praktisch anwenden. Der Evolutionsprozeß sollte dicht unterhalb der Fehlerschwelle ablaufen. Hier erreicht man die größte Effizienz. Durch Variation der Mutationsgeschwindigkeit, die durch Milieuveränderungen gesteuert wird, kann die Fehlerschwelle kurzzeitig überschritten werden. Man erzielt damit einen dem Tempern oder Zonenschmelzen vergleichbaren Effekt. Das Zonenschmelzverfahren wird zum Züchten reinster Kristalle verwandt. Kurzfristiges Überschreiten der Schmelztemperatur und unmittelbar anschließende Rekristallisation führen zu einem Ausheilen von Gitterfehlern. In ähnlicher Weise läßt sich eine Quasispezies durch kurzfristiges Überschreiten der Fehlerschwelle optimieren. Die Evolutionsgeschwindigkeiten können – im Vergleich zu Spiegelmans ursprünglichen Experimenten – durch Regulierung der Versuchsbedingungen um viele Größenordnungen heraufgesetzt werden. Das erfordert eine computergesteuerte Automatik, die die serielle Übertragung lenkt. Das Programm beinhaltet folgende Schritte:

- die Probenwahl, und damit die Festlegung der Mutationsrate, die vom Verhältnis der Nucleosidtriphosphate (G + C)/(A + U) abhängt,
- die Übertragung der RNA-Matrize mittels einer programmierten automatischen Pipette auf die (noch gekühlte) Reaktionslösung,
- einen Temperatursprung von 0 auf 37 °C beziehungsweise von 37 auf 0 °C – jeweils innerhalb einer Sekunde – zur Initiation und zum Abbruch der Replikation
- die Kontrolle und Messung der Wachstumsgeschwindigkeit durch Verwendung eines Laserfluorimeters mit Glasfiberoptik und
- die Feinabstimmung der physikalisch-chemischen Bedingungen, wie Erzeugung einer gesättigten Atmosphäre, Temperaturregulation und Steuerung der seriellen Iteration.

Die abgebildete Apparatur wurde im Göttinger Max-Planck-Institut für biophysikalische Chemie aufgebaut[6c].

Aus der Maschine mit automatisierter serieller Übertragung läßt sich ohne weiteres eine Großanlage für evolutive Biotechnologie konstruieren. Anstelle einer oder weniger Meßproben arbeitet man großtechnisch mit einer Klonierungsplatte mit einer Kapazität von tausend Mikroliterproben. Natürlich ist man jetzt an speziellen Eigenschaften von Biomolekülen interessiert, die nicht unmittelbar mit der Reproduktionsrate verknüpft sind. Künstliche Selektion läßt sich dann wie folgt realisieren: Durch Variation der Muta-

Serielle Übertragungsmaschine

Ⓐ Schrittmotor
Ⓑ Zentralsteuerung
Ⓒ Feuchtigkeitsregulierung für wassergesättigte Atmosphären (0 °C und 37 °C)
Ⓓ Mikropipetten-Anordnung
Ⓔ Serielle Übertragung (0 °C)
Ⓕ Replikation und Fluoreszenzmessung (37 °C)
Ⓖ Probenausstoß (0 °C)
Ⓗ Probeneinschub (< 0 °C)

tionsrate wird ein Mutantenspektrum mit hierarchisch geordneten Abstandsverhältnissen erzeugt. Ein Multikanal-Laserfluorimeter registriert die Effizienz der erzeugten Reaktionsprodukte, und ein in drei Dimensionen bewegbares Multipipettensystem nimmt aufgrund der Reaktionsbewertung eine künstliche Selektion vor, die im iterativen Verfahren der seriellen Übertragung entspricht. Auf diese Weise ist man nicht mehr von der natürlichen Auslese, bedingt durch die Effizienz der Reproduktion, abhängig, sondern kann nach selbstgewählten Kriterien bewerten. Die Methode stellt eine Rekonstruktion der Wertlandschaft dar (siehe Tafeln 10 und 12). Der Computer entwirft sozusagen eine topographische Karte der Wertverteilungen der klonierten Molekülensembles. Um eine topographische Karte erstellen zu können, muß man jeweils die exakte Lage der Punkte und ihre Höhenwerte kennen. Die geographischen Lagekoordinaten lassen sich in Abstandskoordinaten transformieren. Diesen entsprechen die Mutationsabstände zwischen den Klonen, denen ein hierarchisches Schema zugrunde liegt. Die Höhenmaße sind in unserem Fall durch die fluorimetrisch aufgezeichneten Funktionswerte repräsentiert. Sie lassen sich durch Wahl des Testverfahrens auf spezifische Eigenschaften der in den Klonen produzierten Phänotypen einstellen.

Eine derartige Evolutionsmaschine wird zur Zeit ebenfalls im Max-Planck-Institut für biophysikalische Chemie entwickelt[60].

12. Das Konzept des Sequenzraumes[20, 38]

Wir suchen einen geeigneten Raum zur Abbildung der Nucleinsäuresequenzen und ihrer Verwandtschaftsverhältnisse. Dabei sollen benachbarte Sequenzen benachbarten Koordinatenpunkten zugeordnet sein, und zwar nicht bloß in bezug auf eine bestimmte Sequenz, etwa den Wildtyp, sondern die Darstellung soll für die Abstände *aller* Mutanten untereinander gültig sein. Damit scheiden planare Lösungen aus, wie etwa die, bei der der Wildtyp im Zentrum eines Koordinatensystems und die k-Fehler-Mutanten auf Kreisen mit dem Radius k um den Mittelpunkt angeordnet sind. Das Konzept des Sequenzraumes kann allein mit Hilfe eines hoch-dimensionalen Raumes verwirklicht werden. Das macht man sich am besten anhand des folgenden Schemas klar, in dem der Sequenzraum für binäre Symbolfolgen stufenweise aufgebaut wird.

Man betrachtet zuerst nur eine Position der Sequenz, die zwei alternative Besetzungsmöglichkeiten hat. Der Sequenzraum besteht hier lediglich aus zwei Punkten, die den beiden alternativen Besetzungen R bzw. Y zugeordnet sind. Wir verbinden die jeweils benachbarten – also über eine einzige Mutation erreichbaren – Punkte durch eine Gerade. Bei zwei Positionen verdoppeln wir die Gerade einfach, denn die hinzugeführte Position hat ihrerseits wiederum zwei Besetzungsmöglichkeiten, und verbinden die einander entsprechenden Endpunkte beider Geraden miteinander. Wir erhalten somit eine quadratische Fläche. Bei drei Positionen wird diese Fläche verdoppelt und zu einem Kubus ergänzt. Das iterative Aufbauprinzip ist deutlich zu erkennen: Bei Hinzunahme einer weiteren Position müssen jeweils das vorhergehende Diagramm verdoppelt und die einander entsprechenden Punkte beider Diagramme miteinander verbunden werden. Man erhält so einen Hyperkubus der Dimension ν, wobei ν die Zahl der Positonen in der Sequenz ist. Das Konzept des Sequenzraumes ist in der Informatik entwickelt worden. Es geht vor allem auf Richard W. Hamming[61] zu-

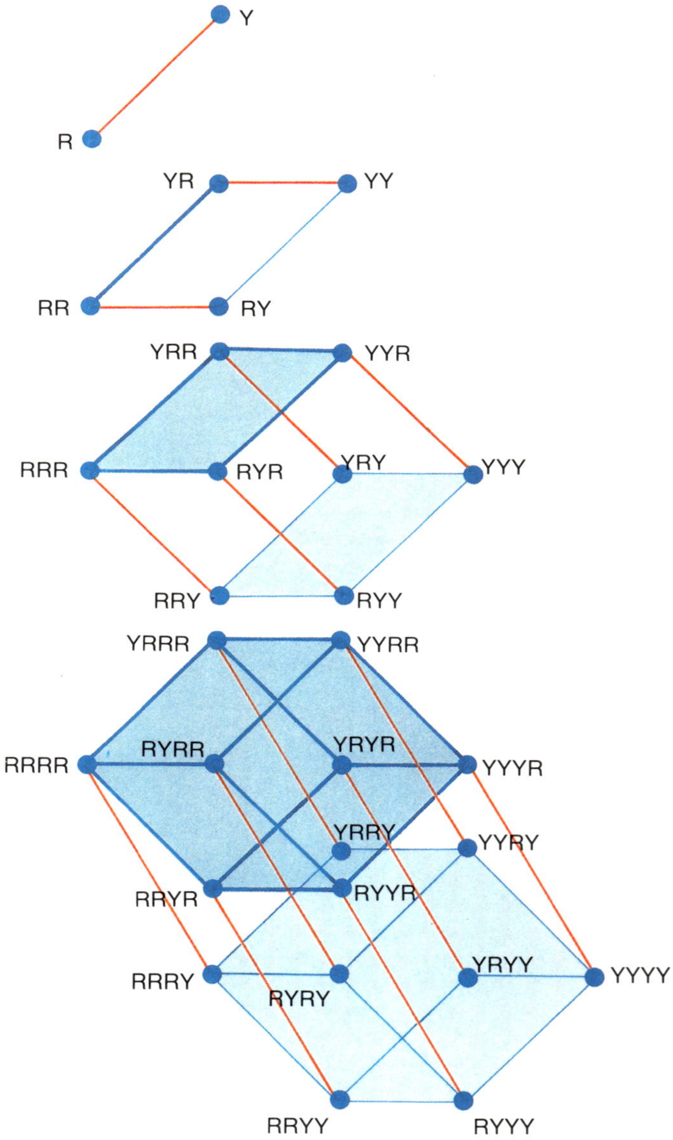
Y
R
YR
YY
RR
RY
YRR
YYR
RRR
RYR
YRY
YYY
RRY
RYY
YRRR
YYRR
RYRR
YRYR
RRRR
YYYR
YRRY
YYRY
RRYR
RYYR
RRRY
YRYY
YYYY
RYRY
RRYY
RYYY

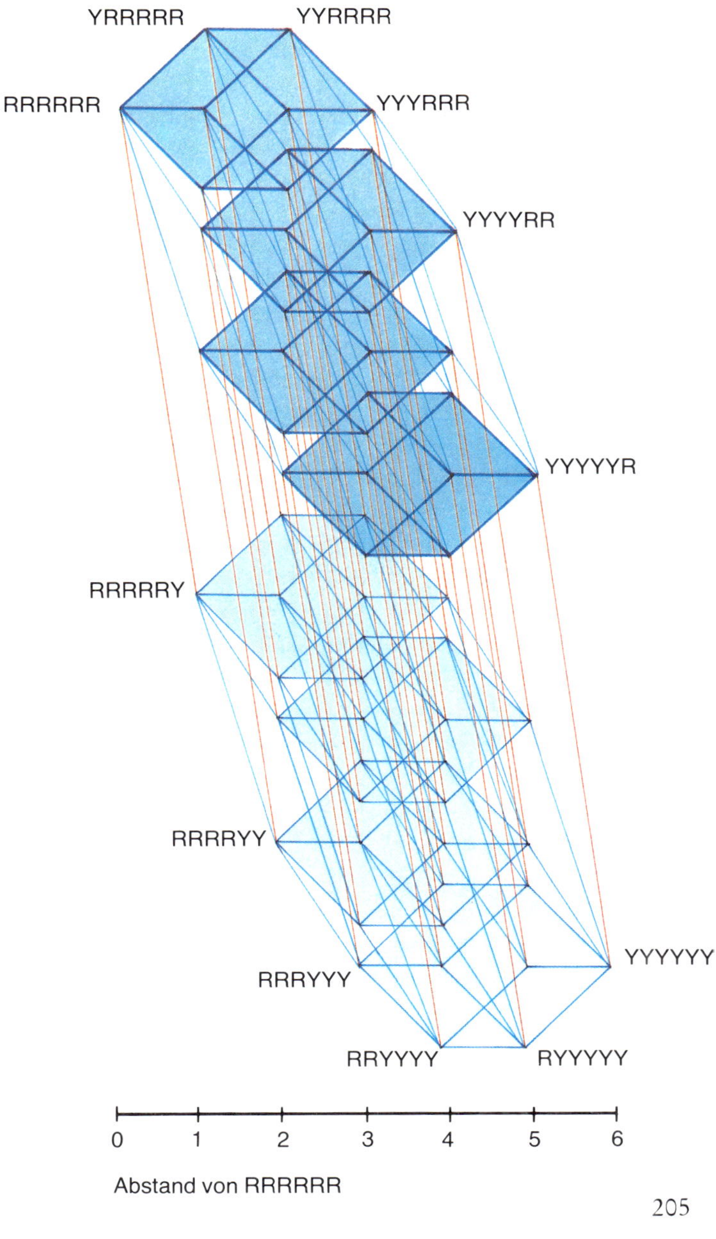

YRRRRR
YYRRRR
RRRRRR
YYYRRR
YYYYRR
YYYYYR
RRRRRY
RRRRYY
YYYYYY
RRRYYY
RRYYYY
RYYYYY
0
1
2
3
4
5
6
Abstand von RRRRRR

rück. Ingo Rechenberg[21] hat als erster die Anwendung dieses Konzepts auf Nucleinsäuren vorgeschlagen. Die in den Tafeln 1 und 2 beschriebene Methode der vergleichenden Sequenzanalyse basiert auf dem Konzept des Sequenzraumes.

Obwohl wir uns ein hochdimensionales Gebilde kaum vorstellen können, lassen sich aus der gewählten Darstellung des sechs-dimensionalen Hyperkubus intuitiv einige charakteristische Eigenschaften erschließen.

- Da fällt zunächst die enorme, exponentiell mit der Zahl der Zustände ansteigende Aufnahmekapazität des Hyperkubus auf. Jede zusätzliche Position verdoppelt das Volumen. Unser Universum, oder richtiger: eine Kugel mit dem Radius von zehn Milliarden Lichtjahren, könnte ungefähr 10^{108} Wasserstoffatomen Raum bieten. (Wir haben einfacherweise das Volumen, das ein Wasserstoffatom einnimmt, mit einem Kubik-Ångström angesetzt.) Würden wir in unserem Sequenzraum jedem Punkt ein Wasserstoffatom zuordnen, so könnten wir im Hyperkubus einer aus dreihundertsechzig Symbolen bestehenden Sequenz all diese 10^{108} Wasserstoffatome ($2^{300} \approx 10^{108}$) unterbringen. Mit anderen Worten, das Volumen eines im Ångström-Maßstab gekörnten Universums entspricht dem des Hyperkubus einer Sequenz mit dreihundertsechzig Positionen. Die meisten Nucleinsäuresequenzen, mit denen der Biochemiker es zu tun hat, sind erheblich länger.
- Trotz des riesigen Volumens sind Direktabstände (das sind die kürzest möglichen Abstände zwischen zwei Punkten) niemals größer als die Dimension ν (im obigen Beispiel also dreihundertsechzig). Da es sich beim Sequenzraum nicht um einem metrischen Raum handelt, tragen die Abstände keine Dimension. Wenn man in New York nach dem Weg fragt, so werden die Entfernungen meistens als Zahl der »street blocks« angegeben. Ähnlich definieren wir den Mutationsabstand als reine Zahl, nämlich als die Anzahl der Positionen, die in zwei miteinander verglichenen Se-

quenzen verschieden besetzt sind. Die Tatsache, daß im Sequenzraum Abstände klein sind, hat eine wichtige Konsequenz. Jedes Ziel kann sehr schnell erreicht werden, vorausgesetzt es gibt eine Orientierungshilfe. Ohne diese allerdings würde man sich, wie in den unermeßlichen Weiten des Universums, hoffnungslos verirren.

- Der Vernetzungsgrad aller Punkte ist, wie man unmittelbar dem Diagramm entnimmt, verwirrend groß. Dabei sind bloß unmittelbar benachbarte Punkte durch Linien miteinander verbunden. Sobald man Mutationssprünge, Abänderungen von mehr als einer Position in einer Replikationsrunde, mit einbezieht, würde die Zahl der von jedem Punkt aus erreichbaren Zustände (das heißt, die Zahl der von jedem Punkt ausgehenden Verbindungslinien) sehr bald größer als die gesamte Populationszahl werden.

All die genannten Merkmale sind noch stärker ausgeprägt für einen Sequenzraum, der vier Symbolklassen, wie wir sie in den Nucleinsäuren vor uns haben, berücksichtigt. Wie könnte man sich einen solchen Raum vorstellen? Man geht am besten vom binären Sequenzraum aus und ordnet in einer Sequenz die einzelnen Positionen vorerst nur den Basenklassen R und Y zu. Jeder Punkt in diesem Raum entspricht nun einer bestimmten Sequenz in RY-Notation. Sodann teilt man den Basenklassen ihre exakte Besetzung zu. Das beinhaltet noch einmal für jede Position eine binäre Entscheidung, da jeweils zwei Unterklassen für R (A und G) und Y (U und C) existieren. Mit anderen Worten: Jedem Punkt im ν-dimensionalen binären Sequenzraum ist ein ν-dimensionaler Unterraum zugeordnet. Die Dimension ist nunmehr 2ν, und wir haben es mit $2^{2\nu} = 4^{\nu}$ möglichen Zuständen zu tun. Das Bild zeigt einen solchen Sequenzraum für $\nu = 3$. Es illustriert eine alternative Perspektive des in Tafel 8 gezeigten Schemas des genetischen Codes. Die acht binären Unterräume des binären RY-Raumes sind farblich abgestuft.

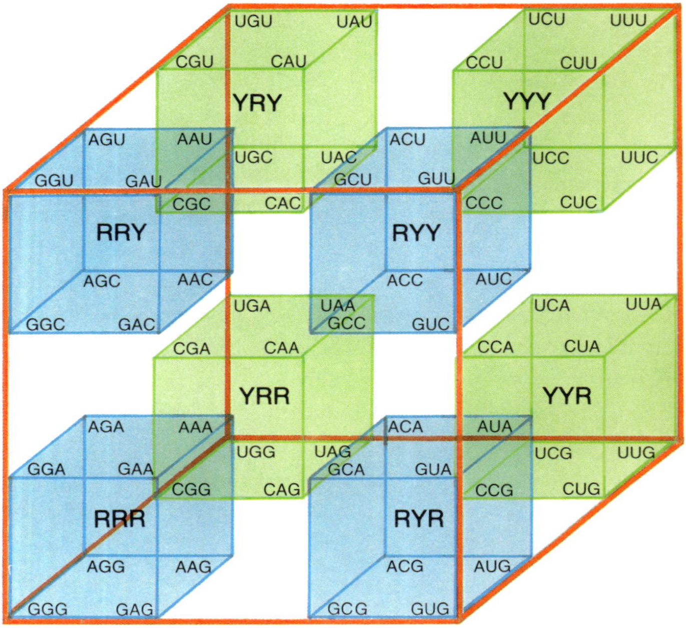

Die Evolution, wie sie sich in der Entwicklung der Lebewesen manifestiert, hat ihre Entsprechung in der kontinuierlichen, gelegentlich sogar sprungartigen Abwandlung der Gensequenzen. Da jede Sequenz durch einen Punkt im Sequenzraum repräsentiert wird und da die gegenseitige Lage aller Punkte die Nachbarschaftsverhältnisse korrekt widerspiegelt, müßte der Evolutionsprozeß durch eine zusammenhängende Route im Sequenzraum zu beschreiben sein – etwa in Analogie zu einem Diffusionsprozeß. Selektion kann als »Kondensation« im Sequenzraum angesehen werden (Tafel 10). Die Sequenzen verteilen sich nicht gleichmäßig wie ein verdünntes Gas über den gesamten Raum, sondern sind in relativ eng begrenzten Regionen lokalisiert. Der Schwerpunkt der lokalisierten Verteilung diffundiert bei der Evolution des Gens durch den diesem Gen zugeordneten Unterraum. Die Route wird entscheidend durch die Topographie der Wertlandschaft bestimmt. Eine Kondensation findet immer auf dem höchsten lokalen Werthügel statt. Die Mutantenverteilung besetzt diesen sowie benachbarte Werthügel und versucht, entlang der Gebirgsgrate den höchsten Gipfel zu erreichen – wohlgemerkt: im ν-dimensionalen Raum mit seinen vielfältigen Vernetzungen.

Im klassischen Bild Darwinscher Evolution mutiert ein Gen solange, bis per Zufall eine besser angepaßte Variante entsteht. Diese gelangt zur Selektion, und die Prozedur setzt sich auf der nächsthöheren Ebene fort. Angesichts der gewaltigen Zahl möglicher Sequenzzustände kann ein derartiges Pokerspiel allein dann zum Ziele führen, wenn es einen monoton ansteigenden Pfad im Wertgebirge gäbe, der, in eine Dimension projiziert, etwa folgende Gestalt hätte:

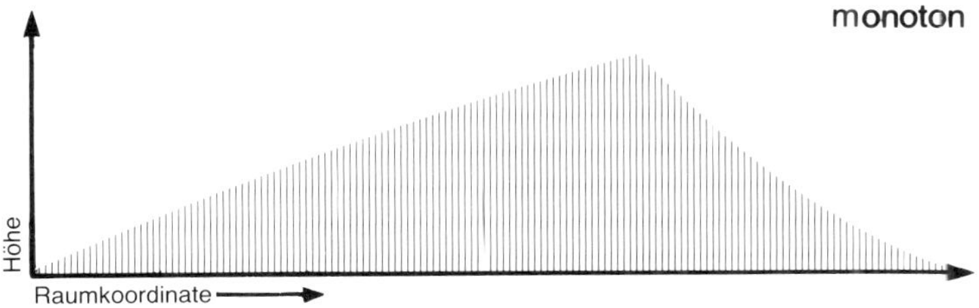

Wir wissen, daß eine solche Vorstellung nicht realistisch ist. Umgekehrt ist eine Wertlandschaft mit Sicherheit nicht strukturlos, die Höhen sind nicht willkürlich verteilt. Das trifft auch für die Landschaften auf der Erdoberfläche zu, worüber man sich anhand eines Diagramms mit zufällig verteilten Höhen klar werden kann:

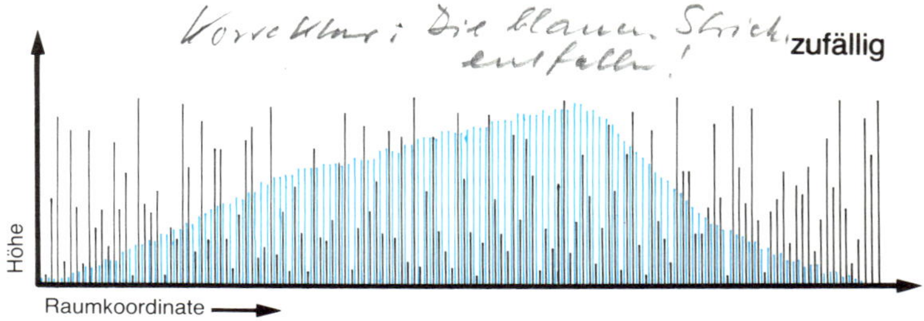

Benoit Mandelbrot[62] hat gezeigt, daß fraktale Strukturen die Höhenverteilung auf der Erdoberfläche am angemessensten darstellen. Fraktalstrukturen sehen sich in allen Größenbereichen ähnlich; sie werden daher als »selbstähnlich« bezeichnet. Mandelbrot nennt eine derartige Landschaftsstruktur »Brownian«, da sie durch einen Brownschen Diffusionsprozeß simuliert werden kann. Das Glücksspiel »Kopf oder Adler« simuliert einen solchen Brownschen Prozeß[8]. Zählt man die akkumulativen Gewinne für »Kopf« beziehungsweise »Adler« zusammen und trägt diese in einem Diagramm in Abhängigkeit von der Zahl der Würfe auf (Kopf nach oben und Adler nach unten), so erhält man eine Brownsche Landschaft im Sinne Mandelbrots.

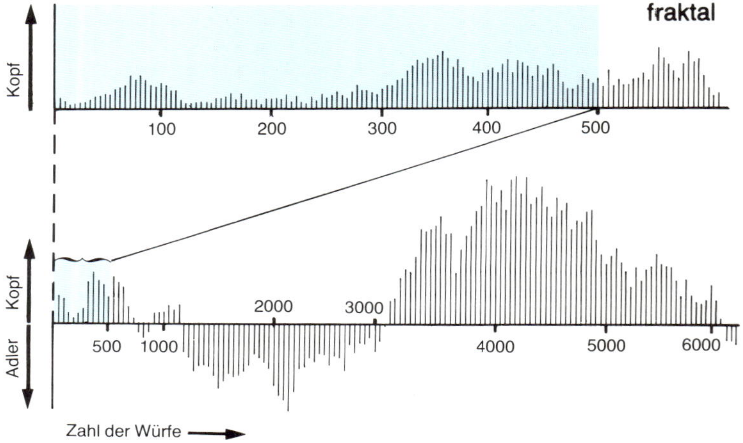

Ein Vergleich der oberen und unteren Höhenreihe macht die Selbstähnlichkeit deutlich (man achte auf die Maßstabsangaben).

Mandelbrot betrachtet des weiteren ein Modell, das man als Umkehrung des Evolutionsphänomens ansehen könnte. Er fragt: Welche Chance hat ein Regentropfen, der auf eine Insel mit der unten gezeigten Höhenverteilung fällt, den Ozean zu erreichen? Wäre die Insel tatsächlich, wie in unserer Darstellung, eindimensional, so bliebe nichts anderes übrig, als daß sich alle Mulden auffüllten, bis der Regentropfen – wie über eine Terrasse – ins Meer abfließen könnte:

Analog würde ein in der Wertlandschaft aufwärts gerichteter Evolutionsprozeß nur dann vorankommen, wenn er die Gendarme einebnet (oder sich einen gendarmfreien Terrassenpfad sucht).

Indes, die Landschaften auf der Erde sind nicht eindimensional. Das Hinzufügen der zweiten Dimension macht aus jeder Vertiefung eine reale in zwei Dimensionen ausgebreitete Mulde, deren Umrandung eine Höhenverteilung aufweist. Handelt es sich bei dem Terrassenbild um einen beliebigen eindimensionalen Schnitt, so ist in diesem Fall jedes Maximum bloß irgendein Punkt auf dem Muldenrand, dessen übrige Punkte entweder höher oder tiefer liegen. Allein im Extremfall ginge der eindimensionale Schnitt gerade durch den tiefsten Punkt des realen Muldenrandes (in der nachfolgenden Abbildung Schnitt 3). Wenn es aber – was im allgemeinen zutreffen wird – niedrigere Punkte auf dem Muldenrand gibt, dann fließt das Wasser dort ab. Man braucht somit die Mulde nicht bis zum jeweils höchsten Punkt des eindimensionalen Schnittes aufzufüllen, das Wasser wird vorher aus einer tiefer gelegenen Stelle des Muldenrandes abfließen. Das Prinzip besagt also: Mit jeder zusätzlichen Dimension wird der Wasserspiegel systematisch absinken, so daß der Regentropfen bei hinreichend hoher Dimension stets einen Weg zum Meer findet.

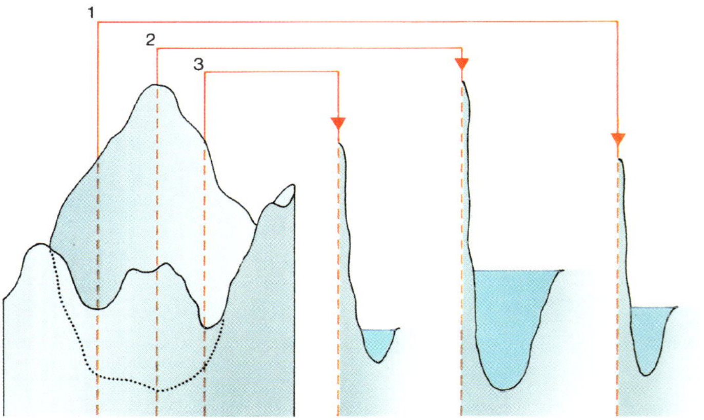

Ähnlich verhält es sich mit der Umkehrung des Prozesses, der evolutiven Gipfeltour. Dabei ist zu berücksichtigen, daß der Sequenzraum »gekörnt« ist, das heißt: einen Punktraum darstellt. Dann ändern sich die Höhenwerte diskret und nicht kontinuierlich. Weiterhin sind Mutationssprünge möglich, so daß von jedem Punkt aus möglicherweise 10^{10} oder mehr Nachbarpunkte durch Sprünge erreicht werden können. Auf diese Weise gibt es für den Evolutionsprozeß im hochdimensionalen Sequenzraum mit großer Wahrscheinlichkeit eine kontinuierliche Sprungroute zum Gipfel der Wertlandschaft. Die Werttopographie spiegelt sich in der Populationstopographie wider (siehe Tafel 10).

Versucht man, sich die vieldimensionale Fitnesslandschaft zu veranschaulichen, so ist zu bedenken, daß man nirgendwo weiter als ν Schritte vom höchsten Gipfel entfernt ist (wobei ν die Sequenzlänge ist). Da multiple Verbindungslinien – entsprechend den vielen möglichen Mutationssprüngen – existieren, findet man den zum Gipfel führenden Grat mit viel höherer Wahrscheinlichkeit, als es bei einem rein zufallsbedingten Umherirren überhaupt möglich wäre. An einem Beispiel in Tafel 10 wurde gezeigt, daß diese Orientierungshilfe den Evolutionsprozeß um viele Größenordnungen beschleunigen kann. Die Fitnesslandschaft mag durch das folgende Bild sehr wohl charakterisiert sein. Wenn der vieldimensionale Hyperkubus durchsichtig wäre, würde man immer in unmittelbarer Nähe Berge sehen, auch wenn es dazwischen eine enorme Zahl von Punkten (Dimensionen) gibt, deren Höhe auf dem Nullniveau verbleibt.

13. Virusinfektion[31, 32]

Das Replikatorprinzip ist in der Natur am konsequentesten bei den Viren realisiert. Diese stehen an der Grenze zwischen Nichtleben und Leben und eignen sich schon deshalb besonders gut als Modellsysteme für die frühen Stufen der Evolution. Wahrscheinlich sind sie selbst Spätankömmlinge, Folgeprodukte autonomer Arten; ja man vermutet, daß es sich bei den Viren um verselbständigte Funktionsprogramme der Wirtsorganismen handelt, aus denen sie sich entwickelt haben. Dafür sprechen die tiefreichenden Insider-Kenntnisse, die das Virus über seinen Wirt besitzt. Sein genetisches Programm codiert nur für wenige Funktionen, mit deren Hilfe es den Wirtsmechanismus zum Zwecke der eigenen Reproduktion umfunktioniert. Als Replikatoren zeigen Viren die Fähigkeit zur natürlichen Auslese. Wegen der begrenzten Länge ihres Genoms und der entsprechend hohen Mutationsrate können Viren sich schnell einer neuen Umwelt anpassen. In Tafel 2 wurde gezeigt, daß das Influenza-Virus millionenfach schneller evolviert als autonome Mikroorganismen.

Unter den vielen verschiedenen Virusarten sollen die einsträngigen RNA-Viren als Modelle präzellulärer RNA-Systeme detaillierter betrachtet werden. Wir unterscheiden aufgrund des Infektionsmechanismus drei verschiedene Typen:

1. Plus-Strang-Viren

Der Name deutet an, daß das Genom dieses Virus selbst informationstragend ist und von der Wirtszelle als mRNA akzeptiert und direkt übersetzt wird. Schon das Einschleusen der Virus-RNA genügt, um die Infektion auszulösen.

Als Beispiel wählen wir das Bakterienvirus Q_β, dessen Wirt das Darmbakterium Escherichia Coli ist. Die – durch die verhältnismäßig hohe Fehlerrate von $3 \cdot 10^{-4}$ – begrenzte Informationsmenge muß ökonomisch genutzt werden. Das geschieht bei Viren dieser Art durch überlappende Anordnung der Gene. Das Q_β-Genom codiert für vier verschiedene Proteinfunktionen:

- ein Hüllprotein, das die Virus-RNA vor Hydrolyse schützt,
- ein Adsorptionsprotein für die Anlagerung an die Wirtszelle,
- einen Replikationsfaktor, der für eine virusspezifische RNA-Synthese und damit für die exklusive Vermehrung der Virus-RNA sorgt,
- einen Lysisfaktor, mit dessen Hilfe die Wirtszelle schließlich aufgelöst wird.

Die für das Virusprinzip und für den evolutiven Erfolg dieser Spielart des Lebens wichtigste Funktion ist die spezifische Vermehrung. Das Virus bringt dafür nicht einmal ein vollständiges Enzym mit. Es kennt sich in der Wirtszelle gut genug aus und benutzt einfach drei Coli-Proteine, die normalerweise eine Reihe von Aufgaben bei der Übersetzung der genetischen Information zu erfüllen haben. Diese drei Proteine vereinigen sich unter dem Diktat des virusspezifischen Proteins zu einem aus vier Untereinheiten bestehenden Komplex, der aktiv und hochspezifisch Virus-RNA reproduziert. Für die RNA der Wirtszelle ist dieser Enzymkomplex völlig inaktiv. Allein die Virus-RNA verfügt über das geheime Losungswort, das die RNA-Synthese in Gang zu setzen vermag, die dann so ungestüm verläuft, daß die Coli-Zelle daran zugrunde geht. Es gibt Anzeichen dafür, daß auch der virusspezifische Faktor einen Vorläufer in E-Coli hat, der bei der Evolution des Virus umfunktioniert wurde.

Im einzelnen läuft der Infektionszyklus folgendermaßen ab:

- Virus-RNA wird in die Wirtszelle injiziert. Dazu lagern sich die Q_β -Phagen an geißelartige Gebilde an der Oberfläche der Coli-Zelle – sogenannte F-Pili – an, die von ihnen spezifisch erkannt werden.
- Das einzelne Virus RNA-Molekül wird nach Eindringen in die Wirtszelle von dieser als mRNA akzeptiert und schrittweise übersetzt. Unter den sich anreichernden Übersetzungsprodukten befindet sich der Replikations-

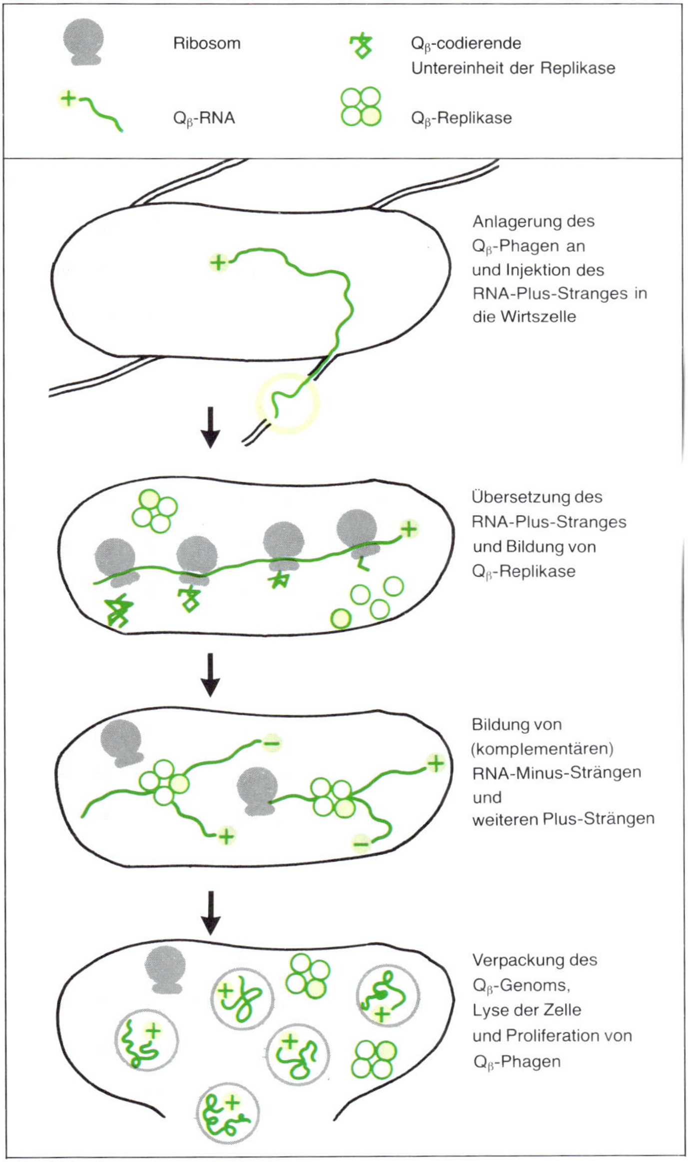
Ribosom
Q_β-codierende Untereinheit der Replikase
Q_β-RNA
Q_β-Replikase
Anlagerung des Q_β-Phagen an und Injektion des RNA-Plus-Stranges in die Wirtszelle
Übersetzung des RNA-Plus-Stranges und Bildung von Q_β-Replikase
Bildung von (komplementären) RNA-Minus-Strängen und weiteren Plus-Strängen
Verpackung des Q_β-Genoms, Lyse der Zelle und Proliferation von Q_β-Phagen

faktor, der mit den Wirtsfaktoren zu einem Replikationsenzym zusammentritt.

- Die Virus-RNA vermehrt sich rapide mithilfe des Replikationsenzyms, während die Wirts-RNA unangetastet bleibt. Es entstehen dabei circa zehn bis hunderttausend Moleküle, die zum Teil in die ebenfalls in großer Menge angefertigten Hüllproteine verpackt werden.
- Der Lysis-Faktor betreibt sodann aktiv die Auflösung der Coli-Zelle. Es proliferieren ungefähr zehntausend Viruspartikel, von denen jedoch nur ein Bruchteil infektiös ist. Das liegt daran, daß bei der gegebenen hohen Fehlerrate viele Mutanten entstehen (Quasispezies) und daß innerhalb der Coli-Zelle noch kein Selektionsdruck wirksam ist.

Weitere Beispiele für Plus-Strang-Typen liefern die meisten der Pflanzenviren, wie das Tabakmosaik-Virus, sowie eine Reihe pathogener Säugetierviren, wie die Picorna-Viren, unter denen die Erreger der Poliomyelitis, der Hepatitis A sowie der Maul- und Klauenseuche zu finden sind.

2. Minus-Strang-Viren

Diese Gruppe besitzt als Genom ein einsträngiges RNA-Molekül, das komplementär zum informationstragenden, von der Wirtszelle zu übersetzenden mRNA-Molekül ist. Die Viren müssen daher bei der Infektion ein Replikationsenzym mit in die Wirtszelle einschleusen, das eine Umschreibung der Virus-RNA in die komplementäre, informationstragende Form bewirkt.

Wir betrachten das Virus der vesikulären Stomatitis, das einen für Rinder mild pathogenen Erreger darstellt. Sein Genom umfaßt rund elftausend Nucleotide und codiert für fünf Proteine, darunter zwei Proteineinheiten des Replikationsenzyms. Der Infektionszyklus läuft wie folgt ab:

Das Virion (die gesamte infektiöse Viruspartikel) dringt in die Wirtszelle ein. Das mitgeführte Replikationsenzym schreibt den Minus-Strang in fünf einzelne mRNA-Moleküle um, die von der Wirtszelle übersetzt werden. So entstehen die im Virus codierten Funktionseinheiten. Der weitere Prozeßverlauf gleicht dem Infektionszyklus des Plus-Strang-Virus. Wichtig ist, daß außer den fünf mRNA-Molekülen ebenfalls ganze Virus-Stränge kopiert werden, und zwar sowohl von minus nach plus als auch von plus nach minus. Diese werden für die Proliferation der Viren benötigt. Zur Proliferation werden alle fünf Proteine mit dem Minus-Strang verpackt. Außer den beiden Replikationsproteinen sind das vor allem das Hüllprotein, ein Antigen-Oberflächen-Glykoprotein sowie ein Membranprotein. Das Virus ist von einer Lipidmembran umgeben, deren Lipidbestandteile vom Wirt zur Verfügung gestellt werden.

Zu den Minus-Strang-Viren gehört außer den erwähnten Rhabdoviren, dem Erreger der Vesikulären Stomatitis sowie dem Erreger der Tollwut, auch das Influenza-Virus, dessen Genom auf acht einzelne RNA-Stränge mit insgesamt vierzehntausend Nucleotiden verteilt ist. Drei der vom Virus codierten Proteine haben hier Replikationsfunktionen.

3. Retro-Viren[51]

Der Name besagt, daß bei diesen Viren die Information aus der RNA zurück in die DNA umgeschrieben wird. Das wird von einem speziellen Enzym der »reverse transcriptase«, der Umkehr-Transkriptase, bewerkstelligt. Dabei entsteht zunächst aus dem (positiven) RNA-Einzelstrang ein hybrider RNA-DNA-Doppelstrang, aus dem sich der DNA-Einzelstrang ablöst, um sich dann mit Hilfe des Replikationsenzyms zum DNA-Doppelstrang zu ergänzen. Der DNA-Doppelstrang wird daraufhin dem Wirtsgenom einverleibt. Das kann schematisch so dargestellt werden:

Die ringförmig geschlossene Virus-DNA sucht sich in der Wirts-DNA eine Zielstruktur, für die sie einen Erkennungsfaktor besitzt. Der DNA-Strang des Wirts wird an dieser Stelle aufgeschnitten, und die ebenfalls aufgetrennte Ring-

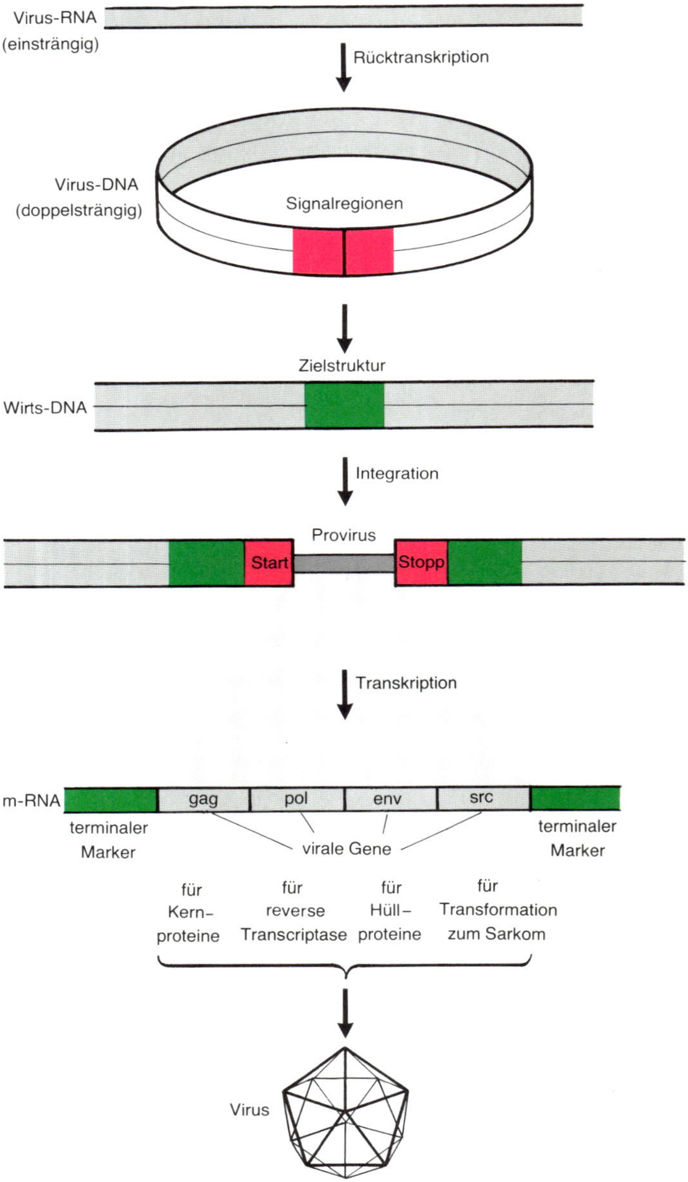
Virus-RNA
(einsträngig)
Rücktranskription
Virus-DNA
(doppelsträngig)
Signalregionen
Zielstruktur
Wirts-DNA
Integration
Provirus
Start
Stopp
Transkription
m-RNA
gag
pol
env
src
terminaler
Marker
virale Gene
terminaler
Marker
für
Kern-
proteine
für
reverse
Transcriptase
für
Hüll-
proteine
für
Transformation
zum Sarkom
Virus

struktur des Virus-Transkripts wird eingelagert. An beiden Enden der viralen DNA befinden sich identische Sequenzabschnitte mit Signalfunktionen. Sie kontrollieren den Schneideprozeß und enthalten die Start- und Stopp-Signale für die Replikation der Virusinformation. Die in die Wirts-DNA eingelagerte Virus-DNA nennt man Provirus. Die Information des Provirus wird von einem Wirtsenzym in mRNA transkribiert. Sie besitzt die für das Eukaryonten-Translationssystem typischen Anfangs- und Endsignale. Ebenso kann transkribierte RNA wieder zu einer infektiösen Viruspartikel verpackt und in dieser Form proliferiert werden. Zu den Retroviren zählen viele tierspezifische Tumorviren (beispielsweise Sarkoma-Viren). Im allgemeinen wird die Wirtszelle durch die Retroviren nicht zerstört, und die Integration der Virus-RNA ins Genom der Wirtszelle bewirkt nicht unbedingt die Transformation zur Tumorzelle. Auch das für die Immunschwäche AIDS verantwortliche, höchst pathogene HIV-Virus ist ein Retrovirus. Seine Zielscheibe ist die Kommandozentrale des Immunsystems, die durch die Folgeprozesse der Infektion lahmgelegt wird. Die große immunologische Flexibilität dieser Viren hängt mit ihrer Quasispezies-Natur zusammen (Tafel 9, 10).

Außer den hier beschriebenen einsträngigen RNA-Viren gibt es noch doppelsträngige RNA-Viren sowie ein- und doppelsträngige DNA-Viren. Reo-Viren sind eine interessante Klasse von RNA-Viren, die in ihrem Genom zehn individuelle doppelsträngige RNA-Moleküle besitzen, die für zehn verschiedene Proteine codieren. Die Wirtszellen dieser Viren sind als Eukaryonten nicht in der Lage, mRNA-Sequenzen zu übersetzen, die für mehr als ein Proteinmolekül codieren. Die Reo-Viren haben sich entsprechend angepaßt.

Einsträngige DNA-Viren sind den Plus-Strang-RNA-Viren zu vergleichen. Der Phage ϕ_x besitzt ein DNA-Genom von ungefähr sechstausend Nucleotiden. Doppelsträngige

DNA-Viren variieren erheblich in ihrer Größe. Das Polyoma-Virus (ein Tumorauslöser) enthält lediglich fünf Gene, die T-Phagen dagegen machen von über hundert verschiedenen Genen Gebrauch. Sie sind nur noch etwa eine Größenordnung kleiner als ihr Wirt, die Coli-Zelle[63]. Die Fehlerrate ist der Größe ihres Genoms angepaßt. Sie sind also wesentlich weniger variabel als die RNA-Viren, doch evolvieren sie deutlich schneller als autonome Mikroorganismen. Die T-Phagen enthalten auch Gene für tRNA. Die Sequenzen zeigen eine sehr enge Verwandtschaft zu denen ihrer Schwestermoleküle in E-Coli, sie sind aber deutlich stärker verrauscht als diese. Das beweist einmal mehr die enge Verwandtschaft von Phage und Wirtszelle.

14. Hyperzyklen[12] und Kompartimente[34]

Plus- und Minus-Strang-Viren haben zwei Organisationsprinzipien aufgezeigt, denen wir in der Natur fortwährend begegnen: Zyklische Reaktionsführung und Kompartimentierung. Diese Prinzipien mögen in ähnlicher Weise den Weg vom Gen zum Genom und vom Genotyp zum Phänotyp geebnet haben.

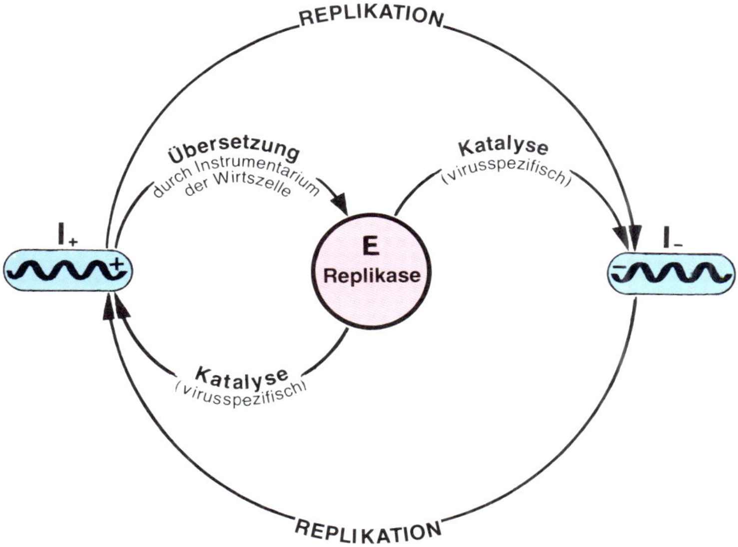

Erinnern wir uns an das Reaktionsschema der Plus-Strang-Viren (Tafel 13): Genotyp und Phänotyp sind nicht mehr strukturell identisch. Der Sitz der Information ist der RNA-Strang, der Genotyp. Er allein vermag im Wirtsmilieu die Ereigniskette auszulösen, die zu seiner Erhaltung und Vermehrung führt. Zur selektiven Bewertung gelangen sowohl die Virus-RNA mit ihren phänotypischen Merkmalen als auch deren Übersetzungsprodukte, allen voran die Proteinuntereinheit, die für die Spezifität und katalytische Effizienz des Replikationsenzyms verantwortlich ist. Diese Genotyp-Phänotyp-Dichotomie wird durch eine zyklische Rückkopplung überbrückt. Eine Mutation im Genotyp, die sich im Phänotyp ausdrückt, wird von diesem unmittelbar beantwortet. Wirkt sich die Veränderung günstig auf das Replikationsenzym aus, so wird der »neue« Genotyp fortan schneller reproduziert und damit gegenüber dem Vorgänger selektiert. Ist die Mutation nachteilig, so wird der Vorläufer dominant bleiben. Wir bezeichnen einen Reaktionszyklus mit überlagerter Schlaufe als einen Hyperzyklus. Der einfache katalytische Zyklus lautet: Plus-Strang instruiert Minus-Strang-Bildung, und Minus-Strang instruiert Plus-Strang-Bildung. Ein solcher Zyklus könnte gleichermaßen durch ein in der Umwelt vorhandenes Replikationsenzym katalysiert werden, ohne etwas von seiner Natur einzubüßen. Erst der Umstand, daß das Replikationsenzym im Plus-Strang codiert ist, macht aus dem einfachen katalytischen Zyklus einen Hyperzyklus. Daran änderte sich auch nichts, wenn einer der beiden RNA-Stränge selber das Replikationsenzym – ein Ribozym – wäre, das zusätzlich die von der RNA-Matrize instruierte Reaktion katalytisch beeinflußt. Die Reaktionsrate hängt dann sowohl von der Matrizen- als auch von der Katalysatorkonzentration ab. Letztere ist – gleichgültig ob der Katalysator mit der Matrize identisch ist oder ob er aus dieser durch Übersetzung hervorgeht – der Matrizenkonzentration direkt proportional. So nimmt die hyperzyklische Reproduktionsrate mit dem Quadrat der RNA-Konzentration (Matrize mal Katalysator) zu. Das bedeutet, das Wachstum ist nicht exponentiell wie bei einfacher Matrizenwirkung (lineare Rate), sondern hyperbolisch. Der hier gezeigte Fall ist der einfachstmögliche Hyperzyklus. Es gibt eine ganze Klasse von Reaktionsnetzwerken, die wir allgemein Hyperzyklen nennen. Der Hyperzyklus stellt eine Organisationsform dar, die sich – ähnlich wie die Quasispezies – durch signifikante, neuartige Qualitäten ausweist.

Die Rückkopplungsschlaufe vom Replikationsenzym zu seiner RNA-Matrize kann natürlich nur dann zur Geltung kommen, wenn Genotyp und Phänotyp in enger räumlicher Nachbarschaft verbleiben, das heißt, wenn sie kompartimentiert sind. Nur dann wirkt jeder Phänotyp auf seinen eigenen Genotyp und nicht auf seine mit ihm im Wettbewerb stehenden Mutanten zurück. Das zweite, zur Überwindung der Genotyp-Phänotyp-Dichotomie wichtige Prinzip, die Kompartimentierung, ist deutlich im Falle des Minus-Strang-Virus zu erkennen. Dieses ist selbst nicht infektiös. Es muß sein Reproduktionsenzym mitbringen und kann nur als kompartimentiertes Virion wirksam werden. Noch unverkennbarer ist dies beim Influenza-Virus mit seinem aus acht separaten RNA-Molekülen bestehenden Genom.

Ist eines der beiden Organisationsprinzipien, Hyperzyklus oder Kompartimentierung, entbehrlich und durch das jeweils andere zu ersetzen?

Kommen wir zunächst auf die Ausgangssituation der Evolution zurück. Evolution heißt Optimierung und ist an Selektion gebunden. Selektion wiederum ist die unmittelbare Folge von Replikation. Evolution wurde mit dem Auftauchen der ersten Replikatoren in Gang gesetzt. Diese aber unterlagen der Fehlerschwellenbeziehung, die ihre Länge einschneidend begrenzte. Der Weg vom singulären Gen zum Genomkomplex verlangte demgemäß eine Integration von Replikatoren. Denken wir dabei an die Entwicklung des genetischen Codes und einer zugehörigen Übersetzungsmaschinerie, so ist selbst für einen primitiven Vorläufer des gegenwärtigen Codes gleich ein ganzes Arsenal von Funktionen erforderlich, die sämtlich wiederum in den zu integrierenden Genen codiert sein müssen. Zur Einhaltung der Fehlerschwellenbeziehung bedurfte es einer angemessenen Replikationsgenauigkeit. Sie sollte mindestens so hoch wie in den heutigen RNA-Viren (mit ihren lediglich vier bis acht Funktionen) sein. Es wurden folglich – wie bei den RNA-

Viren – hochentwickelte Reproduktionsenzyme benötigt. Mit anderen Worten: es wäre von vornherein all das erforderlich gewesen, was eigentlich erst Ziel des Evolutionsprozesses sein sollte.

Die auf der ersten Stufe zur Übersetzung eingesetzten Gene konnten – wegen der Fehlerschwelle – noch nicht strukturell zu einem Genom verknüpft sein, sie mußten zunächst eine Kooperation organisieren. Zyklische Kopplung und Kompartimentierung bewirken beide die Integration isolierter Gene.

Um herauszufinden, ob beide Organisationsformen simultan benötigt werden, stellen wir ihre Eigenschaften einander gegenüber. Der Hyperzyklus repräsentiert in allgemeiner Form die zyklische Verkopplung einzelner Reproduktionszyklen:

Wichtig ist, daß die Kopplung zyklisch geschlossen ist, nur so kommt es zur Rückkopplung, die sämtliche Mitglieder einschließt. Wie die Kopplung im Detail aussieht, ob es sich um eine aktive Reproduktions-Beschleunigung oder -Ansteuerung (Promotorwirkung) oder um die Aufhebung einer Hemmwirkung (Derepression) handelt, ob diese von den RNA-Strängen direkt ausgeht oder ob sie durch Übersetzungsprodukte der RNA-Stränge, oder ob sie gar durch Umweltfaktoren vermittelt wird, die von den Übersetzungsprodukten gesteuert werden, soll hier nicht im einzelnen erörtert werden.

Es gibt viele mögliche Reaktionsmodelle, deren Prinzipien aus natürlichen Systemen abgeleitet werden können. Zu beachten ist, daß Hyperzyklen eine Kategorie von Reaktionsnetzwerken mit klar umrissenen Merkmalen darstellen. Wir suchen also nicht nach dem historischen Detail der Lebensentstehung, sondern unsere Fragestellung ist physikalischer Natur: Was leisten Hyperzyklen, wo liegen ihre Grenzen?

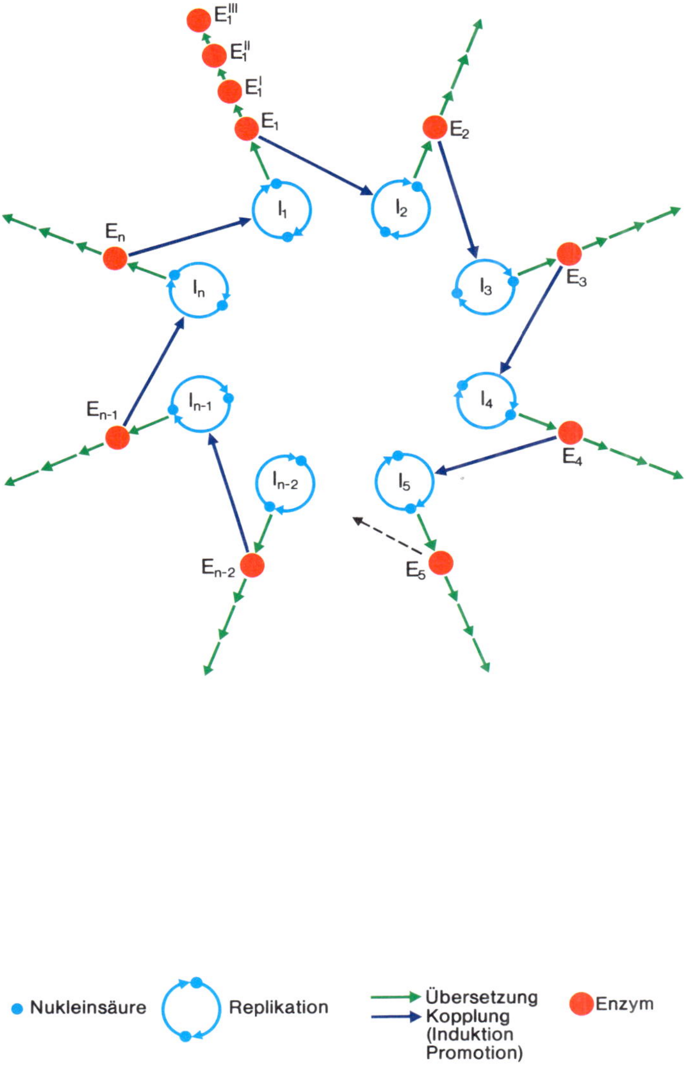

E_1^{III}
E_1^{II}
E_1^{I}
E_1
E_2
I_1
I_2
E_n
I_n
I_3
E_3
I_4
E_{n-1}
I_{n-1}
E_4
I_{n-2}
I_5
E_{n-2}
E_5
Nukleinsäure
Replikation
Übersetzung
Kopplung
(Induktion
Promotion)
Enzym

Der Hyperzyklus erfüllt folgende Anforderungen:

- Die einzelnen Replikationszyklen – Gene oder poly-cistronische Gensequenzen – operieren dicht unterhalb ihrer Fehlerschwelle, sind somit gegen Fehlerakkumulation gefeit und genügen dem Selektionskriterium der Quasispezies.
- Die Konkurrenz zwischen verschiedenen Replikatoren wird durch die zyklische Kopplung ausgeschaltet und in eine Kooperation verwandelt. Die Konzentrationen der am Zyklus beteiligten Replikatoren regeln sich auf stabile Werte ein. Kopplung beinhaltet in unserem Falle katalytische Reaktionssteuerung. Steigt die Konzentration einer katalytisch aktiven Substanz an, so wird die von ihr beeinflußte Reaktion beschleunigt, und es kommt zu einer Erhöhung der Konzentration des im Zyklus folgenden Replikators. Ein Vorteil, den ein Partner – zum Beispiel dank einer günstigen Mutation – gewinnt, wird direkt an den nächsten Partner weitergereicht, und das setzt sich so fort. Jeder Vorteil verteilt sich auf alle Mitglieder des Ensembles, die mit einer intern regulierten Geschwindigkeit synchron hochwachsen.
- Der gesamte Zyklus stellt sich als Einheit der Selektionskonkurrenz. Die Selektion ist hier (in Konsequenz des für den Hyperzyklus zutreffenden Ratenansatzes) sehr viel schärfer als bei einfacher Matrizeninstruktion. Es kommt zu einer »Ein-für-allemal«-Entscheidung: Ein einmal selektiertes System läßt sich verbessern, ausweiten oder ökonomisieren, aber nicht durch ein alternatives System ablösen. Eine solche Verhaltensweise ist nicht mehr als Selektion im Sinne Darwins anzusehen. In diesem Zusammenhang sollte darauf hingewiesen werden, daß in der frühen Evolution solche »Ein-für-allemal«-Entscheidungen getroffen werden mußten. Der genetische Code sowie der Biosynthesemechanismus der Zelle sind universell (geringfügige spätere Abweichungen sind durchaus erklärbar).

Auch die Chiralität ist universell im Bereich der biologischen Makromoleküle geregelt. Diese Entscheidungen wurden bei der Entwicklung des Übersetzungsapparates getroffen, also zu einem Zeitpunkt, als aufgrund der aufkommenden Genotyp-Phänotyp-Dichotomie eine hyperzyklische Rückkopplung zwingend war.

Der Hyperzyklus hat drei unschätzbare Eigenschaften: Er integriert Gene, die an ihrer Fehlerschwelle operieren und ermöglicht damit – trotz begrenzter Replikationsgenauigkeit – eine erhebliche Erweiterung der Informationsmenge, wie sie zum Aufbau eines Übersetzungsapparates erforderlich ist. Der Hyperzyklus steuert die Kooperation, indem er die Konzentrationen aller Reaktionspartner aufeinander abstimmt. Er duldet keine Konkurrenten, breitet sich ungestüm aus und kann als Einheit per se evolvieren, indem er günstige Mutationen festhält, indem er sich, wenn nötig, erweitert oder ökonomisiert. An dieser Stelle ist aber eine Einschränkung zu machen, und damit sind wir bei den Nachteilen des Hyperzyklus.

Der Hyperzyklus vermag ausschließlich solche Mutationen zu fixieren, bei denen die Mutante in ihrer Funktion als Zielstruktur der Kopplung vervollkommnet wird. Mutationen, die die aktive Funktion eines Mitglieds verändern, können dagegen nicht erkannt werden. Die Mutante müßte dazu in Konkurrenz zu ihrem Vorläufer bevorzugt oder benachteiligt werden. Sie ist aber als Zielscheibe für die Bewertung nicht festlegbar. Zur Katastrophe kommt es gar, wenn die aktive Funktion benachteiligt, die passive Zielfunktion hingegen begünstigt wird. Dann zerstört sich der Hyperzyklus selber. Ein Hyperzyklus ist zwar in der Lage, Kopplung, Integration und Wachstumsregelung vorzunehmen, er hat jedoch keine Möglichkeit, seine funktionelle Effizienz zu steigern, und ist immer der Gefahr einer Degeneration ausgesetzt.

Lenken wir nun unsere Aufmerksamkeit auf das zweite Organisationsprinzip, das in der Lage ist, eine Integration zu

ermöglichen, die Kompartimentierung. Das Influenza-Virus ist dafür ein Paradebeispiel. Als Minus-Strang-Virus ist es auf die Mitführung seines Replikationsenzyms angewiesen. Damit ein neues, funktionsfähiges Virion entsteht, müssen alle Partner komplett verpackt werden. Man kann daraus folgendes Kompartimentierungsmodell ableiten:
Die Kompartimentierung besitzt folgende Vorzüge:

- Vorausgesetzt, daß der die richtige Zusammensetzung garantierende Verpackungsmechanismus ähnlich wie beim Influenza-Virus funktioniert – wobei zwar nur ein Bruchteil von Tochter-Kompartimenten das korrekte Sortiment mitbekommt –, so kommt es hier zur Selektion aktiver Funktionsvorteile. Das Kompartiment, das die optimale Zusammensetzung von Mutanten aller acht RNA-Komponenten beinhaltet, wird die höchste Proliferationsrate besitzen und zur Selektion gelangen.
- Die Kompartimentierung wirkt einer Ausdünnung wertvoller Mutanten entgegen. Auch wenn das gesamte Medium noch nicht genügend mit den notwendigen Komponenten angereichert ist, lassen sich im Kompartiment bereits Konzentrationsbedingungen schaffen, die eine effiziente Kooperation ermöglichen.
- Der Begriff Kompartiment braucht nicht so eng gefaßt zu sein wie bei den Viren. Ein Kompartiment *kann* eine Lipidvesikel mit der Fähigkeit zur Endo- oder Exocytose sein, oder eine frei zugängliche Oberflächenanordnung, ein DNA- oder RNA-Strang mit Exon/Intron-Struktur, eine Komplexbildung, eine Grenzflächenanreicherung oder gar bloß eine Nachbarschaftswirkung mit Diffusionshemmung.

Die genannten Vorteile werden indes durch eine Reihe schwerwiegender Mängel eingeschränkt, der Art, daß das Organisationsprinzip der Kompartimentierung allein für eine Gen-Integration nicht ausreicht.

Der augenfälligste Nachteil ist das Fehlen jeglicher Zusam-

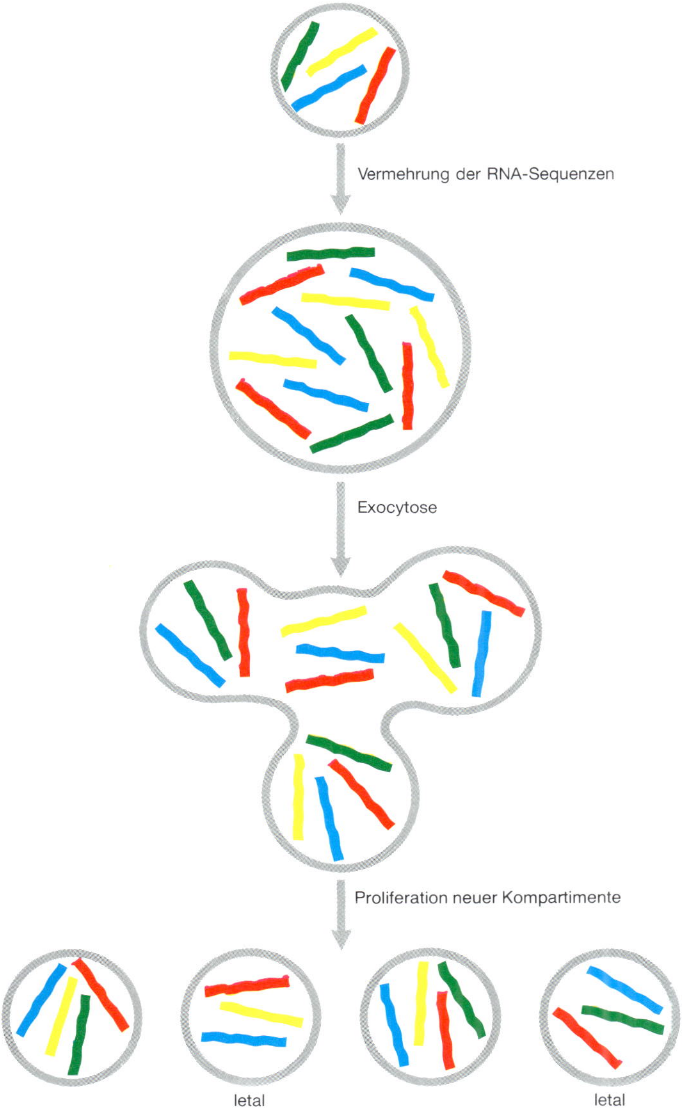

Vermehrung der RNA-Sequenzen
Exocytose
Proliferation neuer Kompartimente
letal
letal

menarbeit unter den Replikatoren. Ja, im begrenzten Lebensraum des Kompartiments kommt es zu viel härterer Konkurrenz als in freier Lösung. Der scharfe Selektionsdruck – wie wir ihn sonst im Evolutionsexperiment provozieren – erlaubt keine andere Wahl als die einer »Entweder-oder«-Selektion. Die am schnellsten replizierende Komponente überwuchert bald das Kompartiment und verhindert eine ausgewogene Verteilung aller Replikatoren auf die Tochterkompartimente. Beim Hyperzyklus pendelt sich automatisch eine ausgewogene Verteilung ein, indem der schwächere Partner vom stärkeren profitiert. Letzterer gibt mehr, als er nimmt. Im Kompartiment hingegen gilt das Recht des Stärkeren. Je mehr dieser hat, um so mehr wird er bekommen.

Berechnungen[64] zeigen, daß es unter speziellen Bedingungen auch im Kompartiment noch eine Evolution geben kann. Nimmt man beispielsweise an, daß ausschließlich Kompartimente mit kompletter Besetzung lebensfähig sind und daß Mutanten entweder angepaßt oder letal sind, so bleiben lediglich Kompartimente übrig, die einen unendlich großen Selektionsvorteil gegenüber allen übrigen (letalen) Kompartimenten besitzen. In diesem Fall bleibt die Fehlerschwellenbeziehung ohne Wirkung. Wenn dagegen Mutanten jeglichen Fitnessgrades zugelassen sind, so muß es beliebige Mutantenmischungen mit praktisch kontinuierlichem Fitness-Spektrum geben. Die Fehlerschwellenbeziehung führt dann zu ähnlichen Beschränkungen wie im Falle der Quasispezies. Die Reproduktionsgenauigkeit muß an die gesamte Informationsmenge des Kompartiments angepaßt sein. Es wäre also durch Kompartimentierung nichts gewonnen, was sich nicht auch durch Verknüpfung aller Gene zu einem Riesenmolekül erreichen ließe. Kompartimentierung wie auch Hyperzyklus sollten aber gerade helfen, die Fehlerschwelle zu überlisten.

Der Vergleich von Hyperzyklus und Kompartiment zeigt, daß sich beide Organisationsprinzipien ideal ergänzen. Die Nachteile des einen sind die Vorteile des anderen. Was liegt näher, als beide zum »kompartimentierten Hyperzyklus« oder zum »hyperzyklisch organisierten Kompartiment« zu vereinigen? Die Replikatoren, die in dieser kombinierten Organisationsform sehr verschiedenartige Funktionen zugewiesen bekommen, können ursprünglich Mutanten ein und derselben Quasispezies gewesen sein. Entsteht erst einmal eine Kopplung zwischen Geno- und Phäno-Typ, so ist sie für alle Mutanten mehr oder weniger verbindlich. Auf diese Weise baut sich ein weitverzweigtes Reaktionsnetzwerk auf, in dem es systematisch zu einem Ringschluß der Kopplungen kommt. Das ist von Nutzen für alle an diesem Ringschluß beteiligten Partner. In einem solchen System wächst der Hyperzyklus hoch und beherrscht die Szene. Im Kompartiment passen sich die so organisierten Replikatoren vermittels Mutation und Auslese optimal ihren neuen Aufgaben an. Der Weg zum Hyperzyklus ist in der kompartimentierten Quasispezies vorbestimmt. Der Hyperzyklus muß nicht de novo entstehen, er ist in der Lage zu evolvieren. Der Informationsgehalt der Quasispezies wird dabei erheblich erweitert, so daß sich innovative Mechanismen etablieren können, mit deren Hilfe die Fehlerschwelle erweitert wird, bis schließlich eine strukturelle Integration zum DNA-Genom möglich wird.

Die Viren haben in einem späteren Evolutionsstadium einen solchen Weg noch einmal nachgezeichnet. Auch sie sind nicht bloße Kompartimente. Der Infektionszyklus des Influenza-Virus ist ein subtil ausgeklügelter Prozeß, in den die acht RNA-Gene in abgestufter zeitlicher Folge eingreifen. Man ist dabei, diesen Prozeß in seine einzelnen Phasen aufzulösen. Die Natur hält für uns so manches Anschauungsmaterial bereit und wird noch mit weiteren Überraschungen aufwarten. Wir werden um so besser die frühe Evolution verstehen, je mehr wir über die molekularen Mechanismen gegenwärtiger lebender Systeme lernen.

15. Rekombinante DNA[65]

Die Gene nahezu aller Lebewesen sind in riesigen DNA-Molekülen integriert. Aus den einstigen Kompartimenten mit organisierten Genensembles sind Zellen mit zentralisierter Legislative und geregelter Exekutive geworden, Grundeinheiten des Lebens, molekulare Gemeinwesen, die sich von ihrer Umwelt abgrenzen. Dennoch stehen sie mit dieser über ein raffiniert ausgeklügeltes Transport- und Kommunikationssystem in Verbindung. Die Integration zum Genom hat die Synchronisation von Genduplikation und die Teilung des Kompartiments erleichtert. Sie hat die Zelle zu einer Replikatoreinheit gemacht, die sich diversifizieren und differenzieren konnte. Die Zeit der »Ein-für-allemal«-Entscheidungen, die einen universellen Code und allgemein akzeptierte biochemische Mechanismen festgeschrieben hatte, war vorüber. Fehlerkorrekturmechanismen sorgten dafür, daß die Information der Zellen en bloc weitergegeben wurde. Doch so effizient die molekulare Maschinerie der (Mikro-)Organismen inzwischen geworden war, so unflexibel erwies sie sich in bezug auf ihre weitere Evolution. Zum einen nahm die hohe Reproduktionsgenauigkeit dem einzelnen Gen jegliche Flexibilität, zum anderen wurden eingetretene Veränderungen ausschließlich vertikal, das heißt, an die unmittelbare Nachkommenschaft weitervererbt. Das mag mit ein Grund dafür gewesen sein, daß die Evolution für mehr als zwei Milliarden Jahre auf der Stufe der Einzeller verharrte, obwohl diese innerhalb von weniger als einer Milliarde Jahren voll entwikkelt waren. Die reiche Vielfalt des Lebens, die sich in unserer Zeit in Millionen verschiedener Spezies ausdrückt, ist indes das Ergebnis einer Evolution, die »nur« (oder weniger als) fünfhundert bis tausend Millionen Jahre in Anspruch nahm. Der Weg aus der Sackgasse bedurfte eines neuen Organisationsprinzips, eines Prinzips, das einen horizontalen Genaustausch möglich machte: genetische Rekombination und Transposition von Genen. Genetische Rekombination ist die Grundlage der sexuellen Vererbung. Für jeden Genaustausch ist ein Instrumentarium zum Schneiden und Verschweißen von DNA notwendig sowie ein Konzept, das eine Buchführung zuläßt. Das Produkt genetischer Rekombination muß einen kompletten Satz und nicht irgendeine wilde Mischung von Genen beinhalten. Rekombination finden wir auf fast allen Stufen des Lebens. Sie ist eine Erfindung der DNA, die in dem Moment unumgänglich wurde, als die genetische Information in Riesenmolekülen verankert war. Transposition von Genen ermöglicht die Erzeugung neuer Genome und muß deshalb in der Evolution der Organismen von erheblicher Bedeutung gewesen sein.

Das Schema der genetischen Rekombination führt über die Zwischenstufe des Duplex-Doppelstranges. Das wurde im Elektronenmikroskop direkt nachgewiesen.

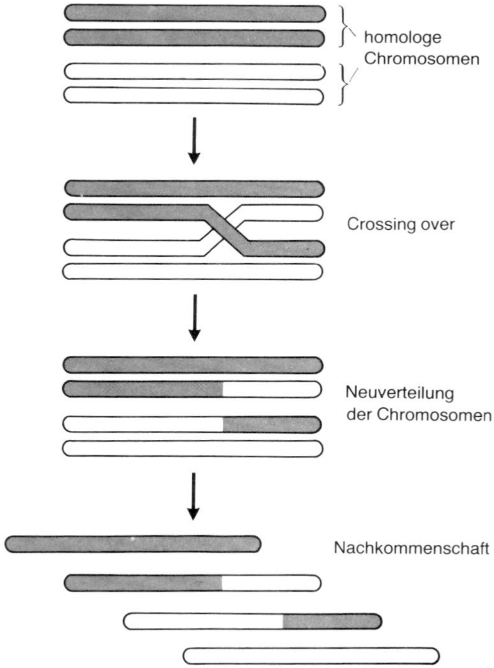

Das allgemeine Modell (nach Robin Holliday[66]) beschreibt eine Form des Genaustausches, wie er zwischen jedem Paar homologer Sequenzen beider Elternteile auftritt. Der Austausch homologer Gene, der sehr präzise und unter strikter Buchführung erfolgt, ist auf Eukaryonten beschränkt. Für sie ist dies die Basis der Vererbung. Inwieweit dabei die für Eukaryonten typischen nicht-codierenden DNA-Regionen, die Introns, eine Rolle spielen, ist zur Zeit noch nicht hinreichend geklärt.

Weit besser untersucht – nicht zuletzt weil sie eine neue Technologie ins Leben gerufen hat – ist eine Art der Rekombination, die auch von Organismen benutzt wird, die sich normalerweise vegetativ fortpflanzen. Wir treffen sie als Konjugation bereits auf der Stufe der prokaryontischen Einzeller an, für deren Evolution die Möglichkeit, Gene horizontal auszutauschen, von großer Wichtigkeit ist. Diese Rekombination ist keineswegs so exakt wie das »crossing-over« bei den Eukaryonten. Oft geht eine Donor-Zelle zugrunde, weil sie unersetzliche Gene abgegeben hat. Die sexuelle Polarität wird erst induziert. Eine essentielle Aufgabe erfüllen die beweglichen genetischen Speicherelemente, die Plasmide. Das sind ringförmig geschlossene DNA-Doppelstränge mit variablem Nucleotidgehalt (und zwar mit zweitausend bis zu einigen hunderttausend Nucleotiden). Die Plasmide können – obwohl entbehrlich – Teil des Bakteriengenoms werden und damit die Zelle transformieren. Sie können aber auch direkt in das Bakterien-Genom integriert werden. Plasmide sind in der Lage, den Bakterien Resistenz gegen Antibiotika zu verleihen. Sie dienen, ähnlich wie gewisse DNA-Phagen, in der modernen Gentechnologie als Transportvehikel. Es ist möglich, Gene in Plasmide einzusetzen. Die Plasmide transportieren diese dann in eine Wirtszelle, die sie mit ihrer DNA-Synthesemaschinerie vervielfältigt. Ebenso lassen sich die so eingeschleusten Gene in der Wirtszelle transkribieren und übersetzen. Auf diese Weise wird heutzutage ein kostba-

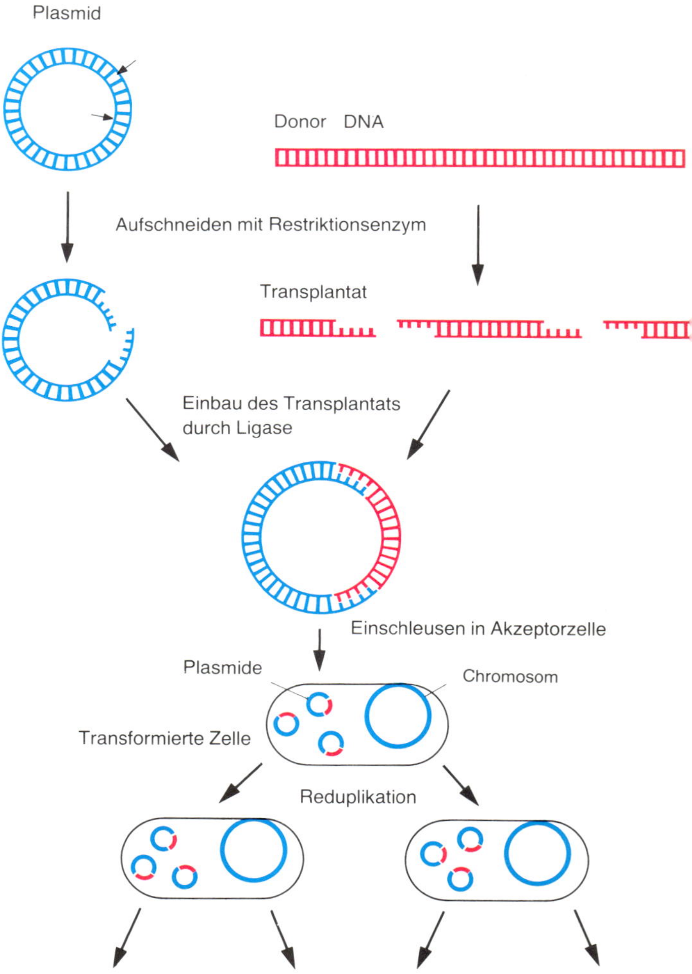
Plasmid
Donor DNA
Aufschneiden mit Restriktionsenzym
Transplantat
Einbau des Transplantats
durch Ligase
Einschleusen in Akzeptorzelle
Plasmide
Chromosom
Transformierte Zelle
Reduplikation

res Genprodukt – beispielsweise menschliches Insulin – von Mikroorganismen großtechnisch hergestellt. Der hier schematisch gezeigte Prozeß stellt die Grundlage der Biotechnologie dar.

Unentbehrliche Werkzeuge in diesem System sind die Restriktionsenzyme, mit denen die Chromosome gezielt aufgeschnitten werden, sowie die Ligasen, mit denen die DNA-Stränge wieder miteinander verschweißt werden. Das Aufschneiden erfolgt gezielt, indem das Restriktionsenzym einen bestimmten Sequenzabschnitt – zumeist eine palindromartige Symbolsequenz – spezifisch erkennt und das Palindrom so aufschneidet, daß die Schnittenden einander komplementär sind. Die überstehenden Haftenden sorgen dafür, daß das Transplantat an der richtigen Stelle des Akzeptor-Stranges eingebaut wird. Dazu müssen Donor- und Akzeptorstrang mit dem gleichen Restriktionsenzym (gleiche Erkennungssequenz) aufgeschnitten werden. Abgesehen von seiner technologischen Bedeutung ist das Verfahren eines der wichtigsten Hilfsmittel moderner molekularbiologischer Grundlagenforschung.

Teil III
Resümee, Anmerkungen, Epilog

Resümee: Darwin ist tot – es lebe Darwin!

Ist der Übergang: unbelebt → belebt ein Vorgang, der sich im Rahmen unseres physikalisch chemischen Weltbildes begreifen und deuten läßt? Das ist die fundamentale Frage, um die es in diesem Buch geht.

Zwei Eigenschaften der Materie, die wir schon bei den – auf der Grenze zwischen Leben und Nichtleben stehenden – Viren beobachten, sind charakteristisch für die Qualität »Leben« und müssen, wenn wir die oben gestellte Frage mit ja beantworten wollen, physikalisch oder chemisch erklärt werden: Erstens, die materielle Komplexität aller für den Lebensprozeß typischen Strukturen, angefangen bei den Proteinen und Nucleinsäuren – Erwin Schrödinger[67] bezeichnete sie als aperiodische Kristalle; zweitens, der auf funktionelle Zweckmäßigkeit ausgerichtete molekulare Aufbau dieser Strukturen – Jacques Monod[68] sprach von einer Teleonomie der Organisation.

Viele Physiker glauben, daß die gegenwärtig akzeptierten Gesetze der Physik nicht ausreichen, um derartige Eigenschaften zu begründen. Ja, Eugene Wigner[69] macht geltend, daß nicht einmal das Phänomen der Reproduktion mit den Gesetzen der Quantenmechanik kompatibel sei.

Wenn wir in der Biologie von Reproduktion sprechen, so verstehen wir darunter nicht die exakte Reproduktion des physikalischen Zustandes. Dieses, in der statistischen Mechanik mit dem Wort »Wiederkehr« (»recurrence«) umschriebene Problem wurde schon von Ludwig Boltzmann[70] einer genaueren Analyse unterzogen. Reproduktion ist in der Molekularbiologie lediglich die Reproduktion der genetischen Information, der exakten Abfolge der Symbole in den Nucleinsäuren, nicht die Reproduktion von Ort und Geschwindigkeit eines jeden Atoms. Dennoch ist die Frage berechtigt, wie es möglich ist, daß etwa ein Gen, dessen Sequenz eine von 10^{600} (eine Eins mit sechshundert Nullen) möglichen Alternativen gleicher Länge darstellt, sich spontan und reproduzierbar bildet. Welche physikalische Wirkung ist dafür verantwortlich?

Die Thermodynamik kennt keinen Erhaltungssatz für die Information. Im Gegenteil, sie postuliert ein Streben nach maximaler Entropie, die ein Maß für die Realisierungswahrscheinlichkeit eines Information repräsentierenden Zustandes darstellt. Wo immer Information aufgrund einer statistischen Fluktuation entsteht, zerfließt sie sogleich wieder. Das ist das Verdikt des zweiten Hauptsatzes. Im thermodynamischen Gleichgewicht ist spontane Informationsbildung nicht möglich.

Wir wissen indes, daß ein belebtes System – dafür sorgt sein Metabolismus – weitab vom thermodynamischen Gleichgewicht agiert. Das gilt vor allem für die RNA- und DNA-Moleküle, die Gene, auf die wir unser besonderes Augenmerk richten. Sie unterliegen ständigem Zerfall und können ihre Information allein durch Reproduktion bewahren. Doch welcher Natur ist die physikalische Kraft, die sich dem Streben nach Gleichgewicht widersetzt und die einen extrem unwahrscheinlichen Zustand aufrecht zu erhalten trachtet? Welcher Art ist die Physik, die uns gestattet, eine – auf eine gegebene Umwelt bezogene – teleonomische Wertskala aufzustellen, Qualitäten wie »richtig« oder »falsch«, »gut« oder »schlecht« zu definieren? Läßt sich die Biologie an dieser entscheidenden Stelle auf die Physik reduzieren? Wenn nicht, müßten wir das Vorhandensein einer vis vitalis annehmen, eines Dämons, der außerhalb der physikalischen Gesetze tätig wäre.

James Clerk Maxwell[71] hatte sich im Jahre 1871 einen solchen Dämon ausgedacht. Dank trickreicher Kunstgriffe sollte dieser in der Lage sein, den zweiten Hauptsatz zu überlisten. Maxwell betrachtete zwei, durch eine Wand getrennte Behälter, die mit einem Gas gefüllt sind. In der Wand befindet sich ein mit einer Klappe verschließbares Loch, vermittels dessen die beiden Gefäße miteinander kommunizieren. Der Dämon ist nun imstande, die Klappe blitzschnell zu betätigen. Jedesmal, wenn sich ein schnelles Molekül in der rechten Kammer dem Loch nähert, öffnet er die Klappe, so daß es in die linke Kammer gelangt. Langsame Moleküle hingegen hält er zurück. Umgekehrt reagiert der Dämon auf die Moleküle in der linken Kammer. Hier läßt er die langsamen passieren und verschließt die Klappe vor den schnellen. Das Resultat dieser Manipulation ist eine thermische Entmischung; der linke Behälter wird heiß, der rechte kühlt ab, ein Ergebnis, das dem zweiten Hauptsatz zuwiderläuft. Leo Szillard[72], Dennis Gabor[73] und Leon Brillouin[7] haben in diesem Jahrhundert das Thema wieder aufgegriffen und daran die Korrelation zwischen (negativer) Entropie und (absoluter) Information exemplifiziert. Der Dämon, um seine Tricks korrekt ausspielen zu können, braucht Information. Er zahlt dafür in Energiewährung und gleicht so den Entropieverlust aus.

Jacques Monod[68] hat versucht, einen solchen Dämon, der aus dem Zufall schöpft, neu zu beleben. Daß dieser Dämon gefüttert werden muß, wie Szillard und Brillouin gezeigt hatten, ist für den Biologen unerheblich, denn Leben muß ohnehin durch einen Metabolismus in Gang gehalten werden. Monod nahm an, daß es die Enzyme und unter diesen vorrangig die ihre katalytische Aktivität selbst regulierenden sogenannten allosterischen Enzyme sind, die in die Rolle des Maxwell-Szillard-Brillouin-Dämons schlüpfen und zufällige Schwankungen in Information umwandeln. Mit dieser Idee war Monod sichtlich auf dem richtigen Wege, denn Information kann letztlich nur aus Nicht-Information, sprich: zufälligen Schwankungen, *entstehen.* »Die Enzyme funktionieren schließlich wie Maxwellsche Dämonen nach ihrer Richtigstellung durch Szillard und Brillouin: Sie zapfen das chemische Potential auf den Wegen an, die das Programm festgelegt hat, dessen Ausführende sie sind.«[68]

Allerdings kann es kaum an der speziellen, teleonomischen Struktur der Enzyme liegen, daß der unwahrscheinliche Zustand eines Gens reproduzierbar festgeschrieben wird. Die Enzyme funktionieren im Prinzip auch im thermodynamischen Gleichgewicht, indem sie die Reaktionen vor- und rückwärts zu katalysieren vermögen, ohne dabei das Gleichgewicht zu verschieben. Die Enzyme sind selbst bloß Geschöpfe der Selektion und werden von dieser sofort in die Pflicht genommen. Wir sollten daher vielmehr fragen: Wie ist das Programm, dessen Ausführende die Enzyme sind, zustande gekommen? Wie sind die Enzyme ihrem teleonomischen Zweck angepaßt worden? Monod sieht zwar die Ursache der Optimierung in der mit zeitlicher Vorzugsrichtung ausgestatteten (damit notwendigerweise weitab vom Gleichgewicht operierenden) Evolution, die vermittels Selektion aus dem »unerschöpflichen Reichtum der Zufallsquelle schöpft«. Doch überspannt Monod den Bogen, wenn er glaubt, daß nur der Zufall Quelle der Schöpfung sei, während die Notwendigkeit, das physikalische Gesetz, sich mit der Nebenrolle eines *blinden* Selektionsfilters begnüge, und er spürt selber ein Unbehagen angesichts dieses Mißverhältnisses von Zufall und Notwendigkeit: »Bei dem Gedanken an den gewaltigen Weg, den die Evolution seit vielleicht drei Milliarden Jahren zurückgelegt hat, an die ungeheure Vielfalt der Strukturen, die durch sie geschaffen wurden, und an die wunderbare Leistungsfähigkeit von Lebewesen – angefangen vom Bakterium bis zum Menschen – können einem leicht wieder Zweifel kommen, ob das alles Ergebnis einer riesigen Lotterie sein kann, bei der eine blinde Selektion nur wenige Gewinner ausersehen hat.«[68]

Der Dämon, der in der Lage ist, Fluktuationen in Information umzumünzen, ist nicht irgendein molekularer Gleichrichter, er ist im Mechanismus der Selektion verankert. Selektion agiert nicht blind und hat auch nicht die einfache Filterwirkung, die man ihr seit Darwin zuschreibt. Selektion gleicht einem höchst subtilen Dämon, der auf den einzelnen Stufen zum Leben, wie auch auf den verschiedenen Emporen des Lebens, mit höchst originellen Tricks arbeitet. Das ist die Lehre dieses Buches.

Was aber ist neu an dieser Einsicht? Hier kommen wir zu den entscheidenden Fragen. Zunächst: Was ist natürliche Selektion?

Weitab vom Gleichgewicht – und zwar nur dort – gilt die kausale Kette: Replikation → Mutation → Selektion → Evolution.

Das ist – *so* formuliert – nicht unbedingt neu. Selektion versteht sich als Grundlage der Evolution seit Darwin, Reproduktion und Mutation verstehen sich als Prämisse für die Selektion spätestens seit Haldane, Fisher und Wright, den Begründern einer quantitativen Populationsgenetik in der ersten Hälfte dieses Jahrhunderts. Neuartig sind das Detail und die daraus ableitbaren Konsequenzen. Zum einen hat uns die Molekularbiologie Einsichten in die Natur der genetischen Information und in die Prinzipien ihrer Verarbeitung geliefert. Zum anderen konnten aus diesen Erkenntnissen gezielt mathematische Modelle entwickelt werden, die präzise Aussagen machen und die sich durch das Experiment überprüfen lassen.

Betrachten wir jetzt das Detail: Replikation bedeutet Autokatalyse. Diese vermag eine mikroskopische Fluktuation zu verstärken, bis sie makroskopisch manifest wird. Replikation beinhaltet aber mehr als bloße Autokatalyse. Die Replika entsteht nicht unmittelbar, sondern wird über die Zwischenstufe der komplementären Negativ-Matrize erzeugt. Das System ist also gezwungen, mindestens zwei Symbolklassen einzusetzen und diese auch im Mittel gleichhäufig zu verwenden. Dadurch wird aus der Abfolge chemischer Bausteine eine lesbare Sequenz von Symbolen: Information. Von nun an werden in diesen Sequenzen die Baupläne aller Lebewesen niedergeschrieben, bis hin zum Menschen. Die Chemie ist dabei in den Hintergrund getreten; sie ist für den Bauplan des Menschen noch die gleiche wie für den der Coli-Zelle. Die Information ist infolge der Replikation unsterblich geworden und hat sich – trotz ständiger Destruktion – seit über drei Milliarden Jahren, wenngleich in vielfältig modifizierter Form, erhalten. Was nach diesem Zeitpunkt – der Entstehung der ersten Gene – zählt, ist in erster Linie die wandelbare *Information.* Sie stellt eine Qualität dar, die weit über die Chemie hinausreicht. Sol Spiegelman sagte einmal scherzhaft: »Die Nucleinsäuren haben den Menschen erfunden – um sich auch noch auf dem Mond reproduzieren zu können.«

Replikation, die gezwungen ist, von verschiedenen Bausteinklassen mit den ihnen eigentümlichen Wechselwirkungen Gebrauch zu machen, trägt bereits das Potential für eine weitere essentielle Eigenschaft in sich: Mutation. Sie resultiert einfach aus unscharfer Replikation, da die Energie der Wechselwirkung zwischen komplementären Nucleinsäurebausteinen nicht weit über der thermischen Energie liegt. Damit sind Ablesefehler natürlicherweise einprogrammiert und brauchen nicht über einen besonderen Mechanismus erzeugt zu werden. Im Gegenteil, sie müssen im Verlauf der molekularen Evolution – mit zunehmendem Umfang der genetischen Programme – durch Enzyme und schließlich durch ein raffiniertes Korrekturinstrumentarium weitgehend reduziert werden.

Mutationen sind die Quelle des evolutiven Fortschritts. Dafür ist es wichtig, daß alle Mutanten gleichermaßen mit der Fähigkeit zur Replikation ausgestattet sind. Replikation ist somit eine *inhärent* autokatalytische Eigenschaft der ganzen Molekülklasse. Sie bedeutet für das dynamische Verhalten:

Wachstum und Konkurrenz zwischen allen zur Replikation befähigten Individuen. Das Ergebnis der Konkurrenz – gleichgültig ob das System als Ganzheit wächst oder stationär bleibt – ist Selektion. Sie sorgt – qualitativ wie, doch quantitativ anders als chemisches Gleichgewicht – für eine interne Regelung der relativen Populationszahlen, mit denen die verschiedenen Mutanten in der Verteilung repräsentiert sind. Doch ist der Selektionsentscheid nicht endgültig, zumindest solange der optimale Zustand nicht erreicht ist. Die getroffene Wahl wird ständig in Frage gestellt und für ungültig erklärt, sobald eine besser angepaßte Mutante – hervorgerufen durch eine statistische Fluktuation – auf der Bildfläche erscheint. Mathematisch gesehen drückt sich dies als Instabilität in der Lösung einer Differentialgleichung aus, physikalisch gesehen im Zusammenbruch der bisherigen Verteilung, die durch eine neue ersetzt wird. Zielscheibe der Selektion ist die gesamte Verteilung, nicht allein der Wildtyp, die bestangepaßte Sequenz innerhalb des Ensembles. Ja, der Wildtyp, der den Selektionsentscheid prägt, liegt im Vergleich zur Summe aller Mutanten durchweg nur in geringer, oft nicht einmal nachweisbarer Menge vor.

Von ganz besonderer Bedeutung sind neutrale oder fast neutrale Mutanten. Das sind Mutanten, die ebenso oder nahezu so vital wie der Wildtyp sind. Sie kommen auffallend häufiger vor als analoge, weniger angepaßte Mutanten. Die Besetzungshäufigkeit der Mutanten ist somit nicht symmetrisch in bezug auf den Wildtyp, etwa wie eine mit zunehmendem Mutationsabstand monoton abfallende Poissonverteilung. Sie konzentriert sich in Regionen, in denen relativ gut angepaßte Mutanten versammelt sind, und reicht hier weit in den Sequenzraum hinein. Gemeint ist damit, daß gut angepaßte Mutanten – insbesondere wenn sie in zusammenhängenden Domänen des Sequenzraumes auftreten – sogar bei vergleichsweise großen Abständen vom Wildtyp noch mit von null abweichender Häufigkeit vertreten sind. Das führt zu einer Privilegierung bei der Mutation: Gut angepaßte, fast neutrale Mutanten sind nicht nur dank ihres Selektionsvorteils zahlenmäßig stärker vertreten, sie entstehen außerdem auch häufiger. Denn eine Mutante mit verhältnismäßig großem Abstand vom Wildtyp entsteht nicht spontan unmittelbar aus dem Wildtyp, sondern entwickelt sich Schritt um Schritt aus Vorläufern, die jeweils geringeren Abstand zum Wildtyp besitzen. Die Nachbarn gut angepaßter Mutanten sind meistens selbst vergleichsweise gut angepaßt und daher ebenfalls stark repräsentiert. (Das liegt an der fraktalen Struktur der Wertlandschaft, Tafel 12.) So ergibt sich – im Widerspruch zur klassischen Interpretation – eine interne Lenkung des Evolutionsprozesses in Richtung auf den optimalen Wertgipfel, und diese ist – bedingt durch die hochgradige Vernetzung der Wege im multi-dimensionalen Sequenzraum – außerordentlich wirksam. Die hieraus resultierende Evolutionsbeschleunigung ist quantitativ so erheblich, daß die für den Biologen überraschende *Qualität* einer »vorausschauenden« Selektion vorzuliegen scheint – im Sinne der klassischen Interpretation[74] Darwinscher Selektion reine Häresie! Die aufgezeigten Möglichkeiten, Evolutionsexperimente im Laboratorium auszuführen, sowie die Erfolgsaussichten einer evolutiven Biotechnologie werden entscheidend durch diese qualitativ neuartige Interpretation geprägt. Sie gründet sich auf die quantitativ bis ins Detail ausgearbeiteten Konzepte von Sequenzraum und Quasispezies. Diese Konzepte passen nahtlos in eine neue Physik der Nicht-Gleichgewichtszustände[75], in der die klassischen Symmetrien gebrochen sind. Hermann Haken hat diesen modernen Zweig der Physik »Synergetik« genannt[76].

Neu ist das Detail im Selektions- und Evolutionsverhalten. Komplexität und Teleonomie der lebenden Substanz wären ohne dieses Detail nicht zu begreifen. Geblieben ist und fortleben wird Darwins Idee, das Prinzip einer Evolution durch natürliche Selektion.

Der Übergang von nichtbelebten zu belebten Strukturen vollzog sich mit wachsender Fähigkeit zu quasi-intelligenter Handhabung von Information. Die Stufen zum Leben setzen in einer chemisch reichhaltigen Umwelt an, in der informationsbegabte molekulare Replikatoren auftauchen. Sie allein sind zu einer Optimierung und damit zur teleonomischen Annäherung an ein zweckbestimmtes Verhalten befähigt. Sie bewahren das Erreichte und substituieren es ausschließlich durch das Zweckmäßigere. Der Genotyp, die in der Nucleinsäure enthaltene Information, entwickelt eine phänotypische Semantik.

»Information« bedeutet zunächst allein Information im Sinne einer Begünstigung von Replikationshäufigkeit, Replikationsgüte und Lebensdauer der vorliegenden Symbolabfolge. Diese Merkmale sind es, die vermittels Rückkopplung (das heißt: Privilegierung des Genotyps durch seinen Phänotyp) eine Semantik der genetischen Information entstehen lassen, die schließlich auf der biologischen Ebene in komplizierter Weise von der Beschaffenheit und Verhaltensweise des durch die betreffende Symbolsequenz codierten Organismus abhängt.

Die Aufspaltung in Geno- und Phänotyp beginnt auf der Ebene der RNA-Moleküle. Der Genotyp kommt in den physikalisch-chemischen Eigenschaften des durch eben diese Symbolfolge charakterisierten Moleküls – des Phänotyps – zum Ausdruck. Die Evolution eines Translationssystems geht von derartigen phänotypischen Merkmalen der beteiligten RNA-Moleküle aus. Am Ende sind diese jedoch nur noch Zielstrukturen der durch sie codierten Protein-Exekutive. Die im Falle von Translation sich nunmehr auch in den materiellen Trägern manifestierende Genotyp-Phänotyp-Dichotomie kann allein durch Etablierung einer dem Reproduktionszyklus überlagerten und die Translationsprodukte integrierenden Rückkopplungsschlaufe überwunden werden. Eine solche hyperzyklische Rückkopplung ermöglicht ebenso die Koexistenz von sich differenzierenden Genotypen – zunächst Mutanten ein- und derselben Quasispezies – und zwingt sie zur Kooperation. Kompartimentierung ist darüber hinaus in der Lage, die Funktion der Phänotypen selektiv für die codierenden Genotypen nutzbar zu machen. Bevor aus einem solchen Kompartiment eine Zelle mit organisiertem Teilungsprogramm wird, bedarf es der Integration vieler Einzelschritte. Die strukturelle Vereinigung aller Gene zum Genom, einem DNA-Riesenmolekül, verlangt einen äußerst präzise arbeitenden Reproduktionsapparat, der Fehler erkennt und repariert, der exakt übersetzt und über einen Stoffwechsel die Energieversorgung sicherstellt. Voraussetzung hierfür ist die semipermeable Abgrenzung von der Umwelt sowie die Steuerung des Transports von Substanzen durch die Zellmembran. Zuletzt muß noch die Replikation des Genoms, der DNA, mit der Duplikation der gesamten Zelle synchronisiert werden. Erst dann ist die erste Plattform des Lebens erreicht[77].

Was war das Leben? Thomas Mann stellt diese Frage eindringlich und immer wieder. Unser Aufstieg über die Stufen zum Leben hat uns bis zu »jenem Punkt« geführt, »an dem es entsprang und sich entzündete« und von dem an »nichts mehr unvermittelt oder nur schlecht vermittelt« war. Doch weit noch und beschwerlich ist der Aufstieg von dieser ersten Plattform bis zur höchsten Stufe des Lebens: »Bewußtsein seiner selbst«.

Anmerkungen und Literatur zur Geschichte der Molekularbiologie

1 Allgemeinverständliche Darstellung der Paläobiologie: H. K. Erben; »Die Entwicklung der Lebewesen«, Piper, München, 1975. Phylogenetische Systematik: P. Ax; »Das Phylogenetische System«, Gustav Fischer, Stuttgart, 1984.

2 Kritische Übersicht frühester Zuordnungen: M. G. Rutten; »The Origin of Life«, Elsevier, Amsterdam, 1971. E. S. Barghoorn; »The Oldest Fossils«, Scientific American, May 1971. K. Dose und H. Rauchfuss; »Chemische Evolution und der Ursprung lebender Systeme«, Wissenschaftliche Verlagsgesellschaft Stuttgart, 1975. In der jüngeren Fachliteratur wird über Datierungen von Mikrofossilien berichtet, die bis zu vier Milliarden Jahren zurückreichen. Diese sind jedoch nicht einhellig akzeptiert.

3 Der Pionier auf dem Gebiet der Sequenzbestimmung sowohl von Proteinen als auch von Nucleinsäuren ist Frederic Sanger. Ein weiteres bedeutsames Verfahren zur Sequenzanalyse von DNA stammt von Allan Maxam und Walter Gilbert. Dank diesen effizienten Methoden kennen wir jetzt eine sehr große Zahl von Protein-, RNA- und vor allem DNA-Sequenzen, die in Datenbanken – wie zum Beispiel im Europäischen Laboratorium für Molekularbiologie (EMBL) in Heidelberg – gespeichert sind. Darüber hinaus gibt es tabellarische Zusammenstellungen: »Atlas of Protein Sequence and Structure« sowie »Nucleic Acid Sequence Data Base«. Herausgeber beider Serien: Margaret O. Dayhoff, National Biomedical Research Foundation, Washington, D. C.. Diese Serien werden heute nicht mehr fortgeführt.

4 R. Winkler-Oswatitsch, M. Eigen und A. Dress; »Comparative Sequence Analysis – Exemplified with tRNA and 5S-rRNA«, Chemica Scripta 26 B, (1986), 59. Eine zusammenfassende Darstellung wird von den genannten Autoren für Spektrum der Wissenschaft vorbereitet.

5 M. Eigen und R. Winkler-Oswatitsch; »Transfer RNA: The Early Adaptor«, Naturwissenschaften, 68, (1981), 217 und

»Transfer RNA, an Early Gene?«, Naturwissenschaften, 68, (1981), 282. M. Eigen, B. Lindemann, R. Winkler-Oswatitsch und C. H. Clarke; »Pattern Analysis of 5S-rRNA«, Proc. Natl. Acad. Sci. U. S., 82, (1985), 2437.

6 Argumente zur »Hypothese der gelenkten Panspermie« werden von F. H. C. Crick diskutiert: »Das Leben selbst«, Piper, München, 1981. Original: »Life itself. Its Origin and Nature«, Simon and Schuster, New York, 1981.

7 Zusammenfassende Darstellung der Informationstheorie und ihrer physikalischen Implikationen: L. Brillouin; »Science and Information Theory«, Academic Press, New York, 1962, (2. Auflage, 4. Druck, 1971).

8 M. Eigen und R. Winkler-Oswatitsch; »Das Spiel«, Piper, München, 1975.

9 Darwins berühmtes Werk »The Origin of Species« ist in einer von G. G. Simpson kommentierten Fassung (basierend auf der von Darwin selbst revidierten, und von ihm als endgültig angesehenen 6. Auflage) bei Collier-MacMillan (London, 1962) erschienen. Die Beziehungen zu den Arbeiten von Alfred Russel Wallace sind von J. Langdorn Brooks untersucht worden: »Just Before the Origin«, Columbia University Press, New York, 1984.

10 Die Bedeutung von Darwins Selektionsprinzip für die moderne Biologie ist erläutert in: M. Eigen; »Darwin und die Molekularbiologie«, Angewandte Chemie, 93, (1981), 221.

11 Allgemeinverständliche Darstellung der Synergetik: H. Haken; »Erfolgsgeheimnisse der Natur«, Deutsche Verlags Anstalt, Stuttgart, 1981.

12 Die Theorie der Selbstorganisation biologischer Makromoleküle wurde vom Autor gemeinsam mit Peter Schuster entwickelt: M. Eigen und P. Schuster; »The Hypercycle – A Prinicple of Natural Selforganization«, Springer, Heidelberg, 1979. B.-O. Küppers; »Molecular Theory of Evolution«, Springer, Berlin, 1983, B.-O. Küppers; »Der Ursprung biologischer Information«, Piper, München, 1986.

13 Ausführliche Beschreibung des Quasispezies-Modells in drei »Feature Articles«: M. Eigen, J. McCaskill, P. Schuster; J. Phys. Chem., 1987/88.
Die Struktur einer RNA-Quasispezies wurde von C. K. Biebricher durch Klonierung und Sequenzanalyse der Mutantenverteilung experimentell untersucht: C. K. Biebricher. Habilitationsschrift, Göttingen/Braunschweig, 1987. C. K. Biebricher; »Darwinian Selection of RNA-Molecules in vitro« in »Evolutio-

nary Biology« (Eds.: M.K.Hecht, B.Wallace, G.T.Prance), Vol. 16, Plenum Press, New York, 1983.

14 Klonierungsexperimente am Bakteriophagen Q_β wurden von Ch.Weissmann und Mitarbeitern ausgeführt. E.Domingo, D.Sabo, T.Taniguchi und Ch.Weissmann; »Nucleotide Sequence Heterogeneity of an RNA-Phage Population«, Cell, 13, (1978), 735. Ähnliche Ergebnisse erhielten E.Domingo und Mitarbeiter für das Maul- und Klauenseuche-Virus: Gene, 11, (1980), 333.

15 Die Fehlerschwellenbeziehung stellt eine Relation zwischen Informationsmenge (Nucleotidgehalt), Replikationsfehlerrate und selektivem Vorteil der dominanten Sequenz (des Wildtyps) dar. M.Eigen; »Selforganization of Matter and the Evolution of Biological Macromolecules«, Naturwissenschaften, 58, (1971), 465. Siehe auch Anmerkungen 12 und 13.

16 Die Fehlerschwellenbeziehung wurde an verschiedenen Viruspopulationen getestet. Es zeigt sich, daß diese natürlichen Populationen dicht unterhalb der Fehlerschwelle operieren und daher evolutiv sehr flexibel sind. Beispiel: Q_β-Phagen; E.Domingo, A.Flavell und Ch.Weissmann; »In vitro Site-Directed Mutagenesis: Generations and Properties of an Infectious Extra-Cistronic Mutant of Bacteriophage Q_β«, Gene, 1, (1976), 3.

17 Beschreibung von Experimenten zur Analyse der Elementarschritte in Enzymreaktionen: M.Eigen; »Die unmeßbar schnellen Reaktionen«. (Les Prix Nobel, Stockholm, 1967. Daselbst weitere Literaturangaben.)

18 Die Annahme der statistisch-zufälligen Mutation liegt allen klassischen Evolutionsmodellen zugrunde. Siehe Anmerkungen 68 und 74.

19 M.Kimura und T.Ohta; »Theoretical Aspects of Population Genetics«, Princeton University Press, Princeton, 1971. M.Kimura; »The Neutral Theory of Molecular Evolution«, Cambridge University Press, Cambridge 1983.

20 Fachspezifische Darstellungen: M.Eigen; »Macromolecular Evolution: Dynamical Ordering in Sequence Space«; P.Schuster und K. Sigmund; »Dynamics of Evolutionary Optimization«, Ber. der Bunsenges. phys. Chem., 89, (1985), 658 und 668. M.Eigen; »The Physics of Molecular Evolution« und P.Schuster; »The Physical Basis of Molecular Evolution«, Chemica Scripta, 26B, (1986), 13 und 27.

21 I.Rechenberg; »Evolutionsstrategie«, Problemata frommann-holzboog, Stuttgart–Bad Cannstatt, 1973.

22 Zusammenfassende Darstellung: S. L. Miller und L. E. Orgel; »The Origins of Life on Earth«, Prentice Hall, Englewood Cliffs, 1974. S. L. Miller in Chemica Scripta 26B, 1986.
23 S. W. Fox und K. Dose; »Molecular Evolution and the Origin of Life«, Freeman, San Francisco, 1972. Übersicht über die Arbeiten von S. W. Fox und seiner Schule bei Dose und Rauchfuss in Anmerkung 2.
24 Siehe Anmerkung 22. Weitere Artikel von Leslie E. Orgel und seiner Schule (seit 1974) sind in den Zeitschriften »Nature«, »Science« und »Journal of Molecular Evolution« veröffentlicht. Zusammenfassende Darstellungen von L. E. Orgel und von S. L. Miller in: »Evolution of Catalytic Function«, Cold Spring Harbor Series, 1987.
25 Arbeiten von J. Oró zur Synthese der Nucleobasen sind in den in Anmerkung 22 und 24 aufgeführten Übersichtsartikeln dargestellt. Neuere, elegante Synthesen in nicht-wässrigem Milieu von Albert Eschenmoser (ETH Zürich) sind zum größten Teil noch unveröffentlicht (Stand Januar 1987).
26 D. Pörschke in: »Chemical Relaxation in Molecular Biology«, 191. (Ed.: I. Pecht, R. Rigler) Springer, Heidelberg, 1977. F. H. C. Crick et al.; Origins of Life, 7, (1976), 389. (Siehe auch Anmerkungen 12 und 15.)
27 In neueren Experimenten von Leslie E. Orgel und Mitarbeitern wie auch von Albert Eschenmoser wurden diese Fragen untersucht (siehe z. B.: Nature, Vol. 310, (1984), 602). Die Experimente machen deutlich, wie sehr die Replikation von RNA und DNA von der chiralen Natur der Bausteine und des Matrizenstranges abhängt, lassen aber keine sicheren Rückschlüsse auf den historischen Ursprung der Chiralität zu.
28 Es gibt in der Literatur zahlreiche Hinweise für die Hypothese, daß die RNA in der molekularen Evolution der DNA voranging. Diese Hinweise beziehen sich auf den Stoffwechsel von RNA und DNA in heutigen Organismen, auf den Mechanismus der DNA-Synthese (»RNA-priming«) und auf die strukturellen Eigenschaften von RNA und DNA.
29 Das in Amerkung 2 zitierte Buch von M. G. Rutten bringt eine ausführliche Darstellung der Entwicklung der Photosynthese. Wichtige Beiträge wurden von Melvin Calvin geleistet: M. Calvin; »Chemical Evolution«, Oxford, 1969. Der Mechanismus der Photosynthese ist heute weitgehend in seine Elementarschritte zerlegt. Übersicht: H. T. Witt, E. Schlodder, K. Brettel und Ö. Saygin; »Reaction Sequences from Light Absorption to

the Cleavage of Water in Photosynthesis – Routes, Rates, Intermediates«, Ber. Bunsenges. phys. Chem., 90, (1986), 1015. (Tagungsbericht »Modellierung komplexer chemischer Systeme«.)
30 G. Eglinton und M. Calvin; »Chemical Fossils«, Scientific American, 216 (1967), 32.
31 Die molekulare Organisation der Zelle wird in mehreren ausgezeichneten Lehrbüchern behandelt: J. D. Watson; »Molecular Biology of the Gene«, 3. Auflage, W. A. Benjamin, Menlo Park, 1977. L. Stryer; »Biochemistry«, W. H. Freeman, San Francisco, 1975 und 1981. P. v. Sengbusch; »Molekular- und Zellbiologie«, Springer, Heidelberg, 1979. A. Kornberg; »DNA Replication«, Freeman, San Francisco, 1974. E. L. Winnacker; »Gene und Klone«, Verlag Chemie, Weinheim, 1984. J. Darnell, H. Lodish und D. Baltimore; »Molecular Cell Biology«, Scientific American Books, 1986.
32 Fachübersicht: »RNA Phages« (Ed. N. D. Zinder) Cold Spring Harbor Laboratory Series, 1975. M. H. Adams; »Bacteriophages«; Interscience Publishers, New York, 1959. Mehrere Artikel von C. K. Biebricher, E. Domingo, M. Eigen, J. J. Holland, P. Palese u. a. in »RNA-Genetics« (Eds.: E. Domingo, P. Ahlquist und J. J. Holland), CRC Press, Baton Rouge, 1987.
33 T. R. Cech; »The Generality of Self-Splicing RNA: Relationships to Nuclear mRNA Splicing«, Cell, 44, (1986), 207. W. Gilbert; »The RNA World«, Nature, 319, (1986), 618.
34 M. Eigen und P. Schuster; »Stages of Emerging Life«, J. Mol. Evol., 19, (1982), 47. M. Eigen, W. C. Gardiner Jr., P. Schuster und R. Winkler-Oswatitsch; »Ursprung der genetischen Information«, Spektrum der Wissenschaft, Juni 1981, 36.
35 G. A. Dover; »The Spread and Success of Non-Darwinian Novelties« in »Evolution Processes and Theory« (Eds.: S. Karlin and E. Nevo), Academic Press, New York, 1986.
36 H. Zachau, M. Pech, H.-G. Klobeck, H.-D. Pohlenz, B. Straubinger und F. G. Falkner; »Wie entstehen die Antikörper?«, 9. Fritz Lipmann Vorlesung, Hoppe Seylers Z. f. physiol. Chem., 365, (1984), 1363. Ph. Leder; »Die Vielfalt der Antikörper«, Spektrum der Wissenschaft, Juli 1982, 100.
37 Physikalisch-chemische Modelle für die Zelldifferenzierung wurden von Alfred Gierer und Hans Meinhardt (Süßwasserpolyp Hydra) sowie von H. Meinhardt (Drosophila-Embryologie) ausgearbeitet und mit experimentellen Ergebnissen verglichen: H. Meinhardt; »Mechanisms of Pattern Formation During De-

velopment of Higher Organisms: A Hierarchical Solution of a Complex Problem«, Ber. Bunsenges. phys. Chem., 59, (1985), 691.

38 Mathematisch fundierte Netzwerkmodelle zur Beschreibung von Entwicklung und Funktionen des Nervensystems wurden von Christoph v. d. Malsburg erarbeitet: Ch. v. d. Malsburg; »Nervous Structures with Dynamical Links«, Ber. Bunsenges. phys. Chem., 59, (1985), 703. Sowohl die Modelle von H. Meinhardt als auch die von Ch. v. d. Malsburg weisen mathematische Parallelen zu den Evolutionsmodellen auf.

39 M. Eigen; »New Concepts for Dealing with the Evolution of Nucleic Acids«, Cold Spring Harbor Series, 1987. (Siehe auch die in Anmerkung 20 zitierten Arbeiten.)

40 Sequenzen für Transfernucleinsäuren (tRNA) wurden von Matthias Sprinzl und Mitarbeitern, für ribosomale RNA (rRNA) von Volker A. Erdmann und Mitarbeitern zusammengestellt: M. Sprinzl, T. Hartmann, F. Meissner, J. Moll und T. Vorderwuelbecke; Nucleic Acid Research, 15, (1987), r53. V. A. Erdmann, J. Wolters, E. Huysmans, A. Vandenberghe, und R. de Wachter; Nucleic Acids Research, 12, (1984), r133.

41 P. Palese; »Rapid Evolution of Human Influenza Virus« in »Evolutionary Processes and Theory« (Eds.: S. Karlin und E. Nevo), Academic Press, New York, 1985.

42 Die Konstruktion eines phylogenetischen Baumes ist eine Optimierungsaufgabe, die sich auf verschiedene Weise lösen läßt. Die Schule von Emanuel Margoliash hat hier Pionierarbeit geleistet. Eine Schlüsselrolle spielt die sogenannte »Maximum Parsimony Method«: W. M. Fitch; J. Mol. Biol. 16, (1966), 9. Der phylogenetische Baum der Prokaryonten entstammt tRNA- und 5S-rRNA-Sequenzdaten von H. Hori, C. Woese, H. Küntzel. (Vergleiche Anmerkungen 4, 39 und 40.)

43 Diese Verbindungen waren zu Beginn der fünziger Jahre nicht nur in ihrer chemischen Struktur bekannt, sondern auch bereits synthetisiert worden: Alexander R. Todd; Les Prix Nobel, Stockholm, 1957.

44 Die klassischen Arbeiten von James D. Watson und Francis H. Crick über die Struktur der DNA-Doppelhelix und ihre Bedeutung für die Genetik erschienen im Jahre 1953: »A Structure for Deoxyribose Nucleic Acid«, Nature, April 25 (1953), 737, und »Genetical Implications of the Structure of Deoxyribonucleic Acid«, Nature, May 30 (1953), 964. Die amüsante Geschichte der Entdeckung wurde zum Bestseller: »The Double

Helix«, Weidenfeld and Nicolson, London, 1968. Deutsche Ausgabe: »Die Doppelhelix«, Rowohlt, 1969. H. F. Judson; »The Eighth Day of Creation«, Simon and Schuster, New York, 1979. Eine Dokumentation der sich daran anschließenden stürmischen Entwicklung der Molekularbiologie bis hin zum Klonieren von Genen brachten kürzlich James D. Watson und John Tooze heraus: »The DNA Story«, W. H. Freeman, San Francisco, 1981. Weitere Höhepunkte in dieser Entwicklung waren vor allem die Entdeckung und Isolierung des DNA-polymerisierenden Enzyms, der DNA-Polymerase, durch Arthur Kornberg (1958) und ihres RNA-polymerisierenden Pendants durch Jerard Hurwitz und Samuel Weiss (1960), das Konzept des »Messengers« (mRNA) und der Regulationsmechanismus der Genexpression in Prokaryonten von François Jacob und Jacques Monod (1960/61), der Nachweis der mRNA durch Sydney Brenner, François Jacob und Matthew Meselson (1961) sowie durch Sol Spiegelman vermittels DNA-RNA-Hybridisierung (1961), die Entzifferung des genetischen Codes in den Jahren 1961 bis 1966 (siehe Anmerkung 50), die Entdeckung der Plasmide – Satellitenchromosome in Bakterienzellen, die heute als Transportvehikel für Genübertragungen Verwendung finden – durch Joshua Lederberg (1965), wie auch die Entdeckung der Restriktionsenzyme und die Kartierung ihrer DNA-Erkennungsregionen durch Werner Arber, Hamilton Smith und Daniel Nathans (1970) – der entscheidende Schritt in Richtung Gentechnologie.

45 Die Strukturen von Nucleinsäuren und die Methoden zu ihrer Bestimmung sind in einer Monographie übersichtlich dokumentiert: W. Saenger; »Principles of Nucleic Acid Structure«, Springer, Heidelberg, 1984.

46 Zu der von Watson und Crick 1953 ermittelten Struktur der DNA (heute B-Form genannt) haben sich weitere Formen hinzugesellt, so vor allem die A- und die Z-Form. In letzterer ist der Schraubensinn zur B-Form konträr. Ihre Struktur wurde aus Röntgenbeugungsdaten von Alexander Rich ermittelt. Fritz Pohl und Thomas Jovin hatten zuvor aus Messungen der optischen Polarisation auf eine derartige Struktur geschlossen und gezeigt, daß man durch Veränderung der Umweltbedingungen Strukturumwandlungen auslösen kann. Die Z-DNA spielt möglicherweise bei der Regelung der Informationsabrufung eine Rolle.

47 Die Primär- und Sekundärstruktur einer tRNA wurde zuerst

von Robert W. Holley (Science, 147, (1965), 1462) und – wenig später an zwei weiteren Beispielen – von Hans-Georg Zachau (Angewandte Chemie, 78, (1966), 392) aufgeklärt. Der zeitliche Aufwand für die Bestimmung einer RNA-Sequenz rechnete zu jener Zeit noch nach Jahren. Die Tertiärstruktur (räumliche Faltung) der tRNA konnte in den siebziger Jahren in den Laboratorien von Alexander Rich und Sung-Hou Kim (Science, 3, 192, (1976), 853) sowie von Aaron Klug (J. Mol. Biol., 89, (1974), 511, und 108, (1976), 619) aus Röntgenbeugungsdaten ermittelt werden. Alle bisher untersuchten tRNA-Moleküle weisen weitgehende Kongruenzen in ihren Primär-, Sekundär- und Tertiär-Strukturen auf.

48 R. E. Dickerson; Scientific American, 226, (1972), 58; siehe auch R. E. Dickerson und I. Geis; »The Structure and Action of Proteins«, Harper and Row, 1969.

49 Die bahnbrechenden Arbeiten zur Röntgenstrukturanalyse von Proteinen gehen auf Max F. Perutz und John C. Kendrew zurück. Die Aufklärung der räumlichen Strukturen von Myoglobin und Hämoglobin in den fünfziger Jahren sind Marksteine in der Entwicklung der Molekularbiologie (Les Prix Nobel, Stockholm, 1962). Die Methode ist in den in Anmerkung 31 (L. Stryer) und 48 zitierten Werken ausführlich beschrieben.

50 Der genetische Code wurde im wesentlichen in den Laboratorien von Marshal W. Nirenberg und H. Gobind Khorana entziffert. Ausgangspunkt der Entdeckung war die Verfügbarkeit eines homogenen mRNA-Strangs, in diesem Falle poly-U, also eine RNA, die sich ausschließlich aus dem Monomer U zusammensetzt und damit nur das Codewort UUU enthalten kann. Dieses synthetische Polymer konnte mit Hilfe eines von Severo Ochoa und Marianne Grunberg-Manago entdeckten Enzyms synthetisiert werden. Bot man nun das U-Polymer einem zellfreien, zur Proteinbiosynthese befähigten Extrakt an, so entstand ein uniformer Polypeptidstrang, der sich ausschließlich aus dem Proteinbaustein Phenylalanin zusammensetzte: J. H. Matthaei und M. W. Nirenberg, Proc. Natl. Acad. Sci. U. S., 47, (1961), 1580. Die Aufklärung der komplizierten Code-Kombinationen ist hauptsächlich das Werk eines genialen Synthetikers: Gobind Khorana präparierte systematisch Polynucleotidstränge mit allen möglichen repetitiven Codekombinationen (Les Prix Nobel, Stockholm, 1968). Entscheidende Schritte bei der Aufklärung der Translation waren Francis

Cricks brillante und vorausschauende Hypothese der Adaptorwirkung, durch die die Zuordnung der Aminosäure an ihr jeweiliges Codon realisiert wird (siehe Anmerkung 47) und Charles Yanofskys Nachweis der Kolinearität von Gen- und Proteinstruktur, die in einfacher Form in den Prokaryonten erfüllt ist. Schon in Nirenbergs Arbeiten gibt es Hinweise für die universelle Gültigkeit des genetischen Codes.

51 Renato Dulbecco hatte um 1960 gezeigt, daß die Infektion einer Zelle mit DNA-Tumorviren (SV_{40}) zu einer Integration des Virusgenoms in die Wirts-DNA führt und daß die Transformation zur Tumorzelle auf einer solchen Veränderung des genetischen Materials der Wirtszelle beruht. Howard Temin machte 1964 die Entdeckung, daß RNA-Tumorviren durch Hemmstoffe der DNA-Synthese im Wachstum behindert werden, und schloß daraus, daß die Vermehrung der RNA-Viren über eine DNA-Zwischenstufe verläuft. Er bezeichnete diese DNA-Zwischenstufe – in Analogie zu Dulbeccos integriertem DNA-Virusgenom – als Provirus. Im Jahre 1970 entdeckten David Baltimore und Howard M. Temin – unabhängig voneinander – das Enzym, das Virus-RNA in DNA umschreibt, und nannten es reverse transcriptase. Die Existenz dieses Enzyms lieferte den Beweis für Temins Provirushypothese. Nach 1970 wurde der Mechanismus der rückläufigen Transkription vor allem durch Baltimore aufgeklärt und der Prozeß der Tranformation damit auf den von Dulbecco erkannten Mechanismus reduziert. Obwohl bis 1975 kein menschlicher Krebs unmittelbar mit Retroviren in Zusammenhang gebracht werden konnte, wurde sehr bald klar, daß das Prinzip von allgemeiner Relevanz für die Tumorentstehung ist (Les Prix Nobel, Stockholm, 1975). Siehe hierzu Tafel 13.

52 Das Reproduktionsenzym des Bakteriophagen Q_β ist – wie Manfred Sumper zuerst erkannte (M. Sumper, R. Luce; Proc. Natl. Acad. Sci. U.S., 72, (1975), 162) – in der Lage, in Abwesenheit von Matrizensträngen (die mit einem enzymspezifischen Erkennungsfaktor ausgerüstet sein müssen) RNA de novo zu synthetisieren. In einer Reihe von Experimenten zeigte Christof Biebricher, daß es sich bei den sehr homogenen, 100–200 Nucleotide langen Sequenzen nicht – wie von anderen Forschern vermutet – um Kopien von RNA-Strängen handelte, die als Verunreinigung am Enzym haftengeblieben waren, sondern um echte de novo-Produkte, deren Verteilungen Quasispezies-Charakter aufwiesen und die sich flexibel an veränderte

Umweltbedingungen anpassen ließen. (C. K. Biebricher, M. Eigen, R. Luce; Nature, 321, (1986), 89 und J. Mol. Biol., 149, (1981), 369 und 391.) Biebricher gelang es, einzelne Mutanten einer solchen Quasispezies-Verteilung zu klonieren und mit Hilfe der reversen Transkriptase in DNA umzuschreiben und zu sequentiieren. Auf diese Weise ließ sich erstmalig eine Quasispezies quantitativ vermessen[13]. Für Evolutionsexperimente (siehe Tafel 11) sind die de novo synthetisierbaren RNA-Sequenzen von großem Wert.

53 Neben den in den Anmerkungen 14 und 54 zitierten Experimenten sind noch Untersuchungen am Virus der Vesikulären Stomatitis im Laboratorium von John J. Holland zu nennen: Science 215, (1982), 1577, sowie Anmerkung 32.

54 Die Mutationsraten für das Influenza-A-Virus und für das Polio-Virus wurden durch Klonierung und Sequenzanalyse im Laboratorium von Peter Palese untersucht. Für Influenza-A wurde die für einsträngige RNA-Viren typische hohe Fehlerrate gefunden, für Polio dagegen konnten im Rahmen der gewählten Versuchsbedingungen keine Mutanten nachgewiesen werden. Die von Palese verwandte Methode erfordert ein Hochverstärken der klonierten Einzelpartikel auf circa eine Milliarde Kopien – das ist die minimale Menge, mit der sich eine Sequenzanalyse ausführen läßt. Bei dieser Prozedur, die etwa zwei Tage in Anspruch nimmt, treten nur die zum Wildtyp nahezu neutralen Mutanten auf. Eine Spezies, die unter scharfem Selektionsdruck steht und in der es somit kaum Alternativen zum Wildtyp gibt, würde in diesem Experiment eine scheinbar geringe Mutationsrate aufweisen, denn es werden allein die (fast) neutralen Mutanten sichtbar, von denen es nicht viele geben kann. Es ist zu vermuten, daß auch bei Polio-Viren die Mutationsraten etwa so hoch sind wie bei den anderen untersuchten Viren entsprechender Größe, und daß es der Grad der Anpassung ist, der stärker variiert. Die in Tafel 9 erwähnte Schwierigkeit bezieht sich auf diesen Umstand. Die von Ch. Weissmann benutzte Methode der Bestimmung der Revertantenhäufigkeit (Anmerkung 14) unterliegt nicht dieser Schwierigkeit.

55 J. Swetina und P. Schuster; »Self-Replication with Error – A Model for Polynucleotide Replication«, Biophys. Chem. 16, (1982), 329.

56 M. Eigen und C. K. Biebricher; »Sequence Space and Quasi-Species Distribution« in »RNA Genetics II« (siehe Anmerkung 32).

57 D. R. Mills, R. L. Peterson und S. Spiegelman; »An Extracellular Darwinian Experiment with a Self-Duplicating Nucleic Acid Molecule«, Proc. Natl. Acad. Sci. U. S., 58, (1967), 217. Spätere Experimente zielten auf die Anpassung von RNA-Molekülen an gewisse Replikationshemmer ab: R. Safhill, H. Schneider-Bernloehr, L. E. Orgel und S. Spiegelman; »In vitro Selection of Bacteriophage Q_β Variants Resistant to Ethidium Bromide«, J. Mol. Biol., 51, (1970), 531. D. R. Mills, F. R. Kramer und S. Spiegelman; »Complete Nucleotide Sequence of a Replicating RNA Molecule«, Science, 180, (1973), 916. Sol Spiegelman erhielt in sukzessiven Schritten eine Ein-, Zwei- und Drei-Fehler-Mutante, die schließlich um einen Faktor zwei in Gegenwart der hemmenden Substanz schneller wuchs als der Wildtyp. Manfred Sumper (Anmerkung 52) erhielt unter seinen de novo-Produkten RNA-Moleküle, die um Größenordnungen besser an derartige Umweltbedingungen angepaßt werden konnten. Eine seiner Varianten ließ sich sogar an die Anwesenheit eines Nucleinsäure abbauenden Enzyms (Ribonuclease T_1) adaptieren. Dieses würde den Wildtyp völlig zerstören. Die adaptierte Variante replizierte dagegen in Anwesenheit der Ribonuclease so gut wie der Wildtyp unter natürlichen Bedingungen.

58 Y. Husimi und H. C. Keweloh; »Continuous Culture of Bacteriophage Q_β Using a Cellstat with a Bubble Wall-Growth Scraper«, Rev. Sci. Instrum. (erscheint 1988). Siehe auch Y. Husimi, K. Nishigater, Y. Kinoshita, T. Tanaka, Rev. Sci. Instrum. 53, (4), (1982), 517.

59 Die gezeigten Meßkurven entstammen der Diplomarbeit von Andreas Schwienhorst (Göttingen/Münster 1987).

60 Die gezeigte Apparatur wurde im Rahmen einer Doktorarbeit (Meß- und Regeltechnik) von Hajo Otten erstellt (Göttingen/Braunschweig, 1987). Die Evolutionsuntersuchungen werden im Rahmen einer Doktorarbeit (Biochemie) von Günter Bauer ausgeführt (Göttingen/Braunschweig 1987).

61 R. W. Hamming: »Coding and Information Theory«, Prentice Hall Inc., Englewood Cliffs, 1980.

62 B. B. Mandelbrot; »The Fractal Geometry of Nature«, W. H. Freeman, New York, 1983. Siehe auch H. O. Peitgen und P. Richter; »The Beauty of Fractals«, Springer, Berlin, 1986.

63 Die T-Phagen haben als Modellsysteme für die Entwicklung der molekularen Genetik eine überragende Rolle gespielt. Max Delbrück und Salvador E. Luria waren die Wegbereiter dieser

Entwicklung. (P. Fischer; »Licht und Leben. Ein Bericht über Max Delbrück, den Wegbereiter der Molekularbiologie«, Universitätsverlag Konstanz, 1985.)

64 Simulationen eines Kompartiment-Modells wurden von Ursula Niesert, Dieter Harnasch und Carsten Bresch am Computer ausgeführt: C. Bresch, U. Niesert und D. Harnasch; »Hypercycles, Parasites and Packages«, J. Theoret. Biol., 85, (1980), 399; U. Niesert, D. Harnasch und C. Bresch; »Origins of Life Between Scylla and Charybdis«, J. Mol. Evol., 17, (1981), 348. Das Modell zeigt, daß eine relativ hohe Genauigkeit der Replikation im Vergleich zur Informationsmenge nötig ist, um das System stabil zu erhalten. Die Gegenwart von Mutanten mit abgestuften Fitnessgraden wird jedoch ignoriert. Sie ist für die Ermittlung der Fehlerschwelle von ausschlaggebender Bedeutung. Wenn allein der Wildtyp einen endlichen Fitnesswert aufweist, kann er immer zur Selektion gelangen, da die Konkurrenten fehlen. Siehe hierzu: M. Eigen, W. Gardiner und P. Schuster; »Hypercycles and Compartments. Compartments Assist – but Do Not Replace – Hypercyclic Organization of Early Genetic Information«, J. Theoret. Biol., 85, (1980), 407.

65 Die in Anmerkung 44 aufgeführten Arbeiten von W. Arber, H. Smith und D. Nathans (Les Prix Nobel, Stockholm, 1978), die in Anmerkung 31 zitierten Bücher von E. L. Winnacker, J. D. Watson und J. Tooze, sowie von J. Darnell, H. Lodish und D. Baltimore sind für den Aspekt »Rekombinante DNA« besonders relevant. Der Mechanismus der genetischen Rekombination ist ausführlicher in den Lehrbüchern von J. D. Watson und L. Stryer abgehandelt.

66 Fachspezifische Übersicht: H. Potter und D. Dressler; »In vitro System from Escherichia Coli that Catalyzes Generalized Genetic Recombinations«, Proc. Natl. Acad. Sci. U. S., 75, (1978), 3698, und F. Stahl »Genetic Recombination«, Freemann, San Francisco, 1979.

67 E. Schrödinger; »What is Life?«, Cambridge University Press, Cambridge, 1944. Deutsch: »Was ist Leben?«, Piper, München, 1987.

68 J. Monod; »Le hazard et la nécessité«, Éditions du Seuil, Paris, 1970. Deutsche Ausgabe: »Zufall und Notwendigkeit«, Piper, München, 1971.

69 E. Wigner in »The Logic of Personal Knowledge« (Ed.: E. Shils), Free Press, Glencoe, 1961. (Festschrift zum 70. Geburtstag von Michael Polanyi, 11. März 1961.)

70 Die Zeit, nach der sich zwei Mikrozustände reproduzieren, wird »Poincarésche Wiederkehrzeit« genannt. Ludwig Boltzmann (Annalen d. Physik, 57, (1896), 773; 60, (1897), 392) hat diese Zeit für ein ideales Gas abgeschätzt. Dabei nahm er 10^{18} Moleküle an, die sich in einem Volumen von einem Kubikzentimeter befinden und die sich mit einer mittleren Geschwindigkeit von fünfhundert Metern in der Sekunde bewegen. Es dauert länger als $10^{10^{19}}$ Jahre, bis alle Moleküle ihre anfänglichen Lagekoordinaten innerhalb von 10^{-7} cm und ihre Geschwindigkeit innerhalb von einem Meter in der Sekunde reproduzieren.

71 J. C. Maxwell; »Theory of Heat« (328). Siehe auch J. H. Jeans; »Dynamical Theory of Gases«, 3. Aufl., 183, Cambridge University Press, New York, 1921. (Dieses in Bibliotheken heute noch zugängliche Buch enthält eine ausführliche Darstellung von Maxwells Ideen, einschließlich wörtlicher Zitate.)

72 L. Szillard; »Über die Entropieverminderung in einem thermodynamischen System bei Eingriffen intelligenter Wesen«, Z. Physik 53, (1929), 840.

73 D. Gabor; »M. I. T. Lectures«, 1951 (ausführlich diskutiert bei L. Brillouin, Anmerkung 7).

74 F. J. Ayala, J. A. Kiger, Jr.; »Modern Genetics«, 2. Auflage, Benjamin/Cummings, Menlo Park, 1984. Klassiker der Populationsgenetik: S. Wright; »Evolution and the Genetics of Populations«, University of Chicago Press, Chicago, 1968. E. Mayr; »The Nature of Darwinian Revolution«, Science, 176, (1972), 981, und »Evolution und die Vielfalt des Lebens«, Springer, Berlin, 1979.

75 P. Glansdorff und I. Prigogine; »Thermodynamic Theory of Structure, Stability and Fluctuations«, Wiley-Interscience, London, 1971. Daselbst Beschreibung des Phänomens des Symmetriebruches und der daraus resultierenden Instabilität. Allgemeine Darstellung in deutscher Sprache: I. Prigogine; »Vom Sein zum Werden« (Originaltitel: »From Being to Becoming – Time and Complexity in Physical Siences«), Piper, München, 1980, und I. Prigogine und I. Stengers; »Dialog mit der Natur«, Piper, München, 1981.

76 H. Haken; »Synergetics. An Introduction«, Springer, Heidelberg, 1983. (Siehe auch Anmerkung 11.)

77 Über die bereits zitierten Werke hinaus sind für den engeren Problemkreis der molekularen Evolution folgende Bücher von Interesse:
A. Bablyoantz; »Molecules, Dynamics and Life; An Introduc-

tion to Selforganization of Matter«, Wiley-Interscience, New York, 1986.
A. G. Cairns-Smith; »Genetic Takeover – and the Mineral Origins of Life«, Cambridge University Press, Cambridge, 1982.
F. H. C. Crick; »Of Molecules and Men«, University of Washington Press, Seattle, 1966.
F. Dyson; »Origins of Life«, Cambridge University Press, Cambridge, 1985.
F. Jacob; »La logique du vivant – Une histoire de l'hérédité«, Gallimard, Paris, 1970. Deutsche Ausgabe: »Die Logik des Lebenden – Von der Urzeugung zum genetischen Code«, S. Fischer, Frankfurt, 1972.
F. Jacob; »The Possible and the Actual«, Pantheon, New York, 1982.
H.-D. Försterling und H. Kuhn; »Moleküle und Molekülanhäufungen«, Springer, Berlin, 1983 (Kapitel 21). H. Kuhn; »Selbstorganisation der Materie und Evolution früherer Formen des Lebens«, in »Biophysik« (Herausgeber: W. Hoppe, W. Lohmann, H. Markl und H. Ziegler), 2. Aufl., Springer, Berlin, 1982.
B.-O. Küppers; »Leben = Physik + Chemie? Das Lebendige aus der Sicht bedeutender Physiker. Ein Lesebuch«, Piper, München, 1987.
B.-O. Küppers (Herausgeber); »Ordnung aus dem Chaos«, Piper, München, 1987. Darin Beiträge von: B.-O. Küppers, P. Schuster, D. Pörschke, A. Dress, H. Haken, B. Hess/M. Markus, P. H. Richter/H. J. Scholz, H. Meinhardt, K. Schulten, Ch. v. d. Malsburg.
G. S. Kutter; »The Universe and Life – Origins and Evolution«, Jones and Bartlett, Boston/Portola Valley, 1987.
S. Lifson; »Chemical Selection, Diversity, Teleonomy and the Second Law of Thermodynamics. Reflections on Eigen's Theory of Self-Organization of Matter«, Biophys. Chem., 26, (1987), 303.
A. Lwoff; »Biological Order«, M. I. T. Press, Cambridge, USA, 1962.
L. Orgel; »The Origins of Life«, John Wiley, New York, 1973.
A. I. Oparin; »Genesis and Evolutionary Development of Life«, Academic Press, New York, 1968.
P. Schuster, K. Sigmund; »Vom Makromolekül zur primitiven Zelle – Das Prinzip der frühen Evolution«, in »Biophysik«

(Herausgeber: W. Hoppe, W. Lohmann, H. Markl, H. Ziegler), Springer, Berlin, 2. Auflage 1982.
J. Maynard-Smith; »The Problems of Biology«, Oxford University Press, Oxford, 1986.
E. Schoffeniels; »L'anti-hasard« Gauthier-Villars Éditeur, Paris, Bruxelles, Montreal, 1943. Deutsche Ausgabe: »Anti Zufall – Die Gesetzmäßigkeit der Evolution biologischer Systeme«, Hirzel, Stuttgart, 1984.
A. Unsöld; »Evolution kosmischer, biologischer und geistiger Strukturen«, Wissenschaftliche Verlagsgesellschaft, Stuttgart, 2. Auflage 1983.
»Dynamically Organized Systems«, Ber. Bunsen ges. Phys. Chem., 89 (1985) 563–726.
»Molecular Evolution of Life« (Eds.: H. Baltscheffsky, H. Jörnvall, R. Rigler), Published on behalf of the Royal Swedish Academy by Cambridge University Press, Chemica Scripta, Cambridge, England, 1986.
»Evolution of Catalytic Function«, Cold Spring Harbor Series, 1987.
»Evolution«, Scientific American, Deutsche Ausgabe: »Evolution: Die Entwicklung von den ersten Lebensspuren bis zum Menschen«, Spektrum der Wissenschaft, Heidelberg, 1982.

78 Als Nachschlagewerk für biologische Fachausdrücke wird das soeben erschienene »Lexikon der Biologie«, Herder, Freiburg, 1983–1987, besonders empfohlen.

Epilog

Gegenstand naturwissenschaftlicher Forschung ist das objektiv Beobachtbare und das inter-subjektiv Nachvollziehbare. Reproduzierbare Fakten werden zueinander in Beziehung gesetzt und in ein – in sich widerspruchsfreies – Schema eingeordnet. Das Bemühen um wissenschaftliche Erkenntnis ist ein Gemeinschaftsunternehmen der Menschheit. Nichts hat Bestand, was nicht vor dem weltweiten Forum der Wissenschaften besteht. Das schließt keineswegs gelegentliche Fehldeutungen oder Irrtümer aus. Dennoch gibt es keine zuverlässigere Projektion der Wirklichkeit als das aus wissenschaftlicher Erkenntnis resultierende Weltgebäude.

Religiöses Erleben basiert auf Glauben und hat daher subjektive Eigenständigkeit. Dadurch hebt es sich vom wissenschaftlichen Erkennen ab. Konflikte zwischen religiöser und wissenschaftlicher Weltsicht sind aufgrund der Begrenzung menschlicher Einsichten geradezu vorprogrammiert. So bezieht sich auch die häufig gestellte Frage: »Schöpfung *oder* Evolution?« auf ein Scheinproblem, indem durch das Wort »oder« zwei nicht-kommensurable Projektionen miteinander konfrontiert werden. Ich bin mir durchaus der Tatsache bewußt, daß diese Frage im subjektiven Bewußtsein vieler Menschen eine große Rolle spielt. Ich habe sie – obwohl ich immer wieder darauf angesprochen werde – in diesem Buch dennoch nicht berührt. Mit der banalen Antwort, wie: »Evolution ist die naturgesetzliche Realisation der Schöpfung«, ist gerade denjenigen, die diese Frage zu stellen pflegen, nur wenig gedient. Eigentlich fragen sie nach etwas ganz anderem, für das die Wissenschaft keine Antwort hat.

Glossarium[78]

achiral
Siehe chiral.

Adenin (A)
Eine Purinbase; Baustein einer monomeren Untereinheit der Nucleinsäuren; eins der vier Symbole der genetischen Information.

Adenosintriphosphat ATP
Ein energiereicher Phosphatester; wesentlichster molekularer Energiespeicher der Zelle.

aerob
werden Stoffwechselprozesse von Zellen oder Organismen genannt, wenn sie nur in Gegenwart von Luftsauerstoff ablaufen.

AIDS
Abkürzung für den englischen Ausdruck »*A*cquired *I*mmune *D*eficiency *S*yndrome; Viruserkrankung, die das Immunsystem lahmlegt.

alpha-Helix
Schraubenförmige Strukturform der Peptidkette des Proteins, stabilisiert durch Wasserstoffbrücken zwischen einer CO- und der viertnächsten NH-Gruppe.

aktives Zentrum
Region des Enzymmoleküls, in der das Substrat gebunden und umgewandelt wird.

Akzeptorstrang
Nucleinsäurestrang, der einen zu übertragenden Genabschnitt aufnimmt.

Alanin
Eine der zwanzig natürlichen Aminosäuren; Proteinbaustein.

allosterisches Enzym
Ein Enzym, dessen biologische Eigenschaften sich dadurch verändern, daß ein kleines Molekül (= Effektor) an einen »anderen« Bindungsplatz als das aktive Zentrum angelagert wird. Das Enzym geht bei Bindung des Effektors im allgemeinen auch in eine »andere« Konformation über.

Aminoacylsynthetase
Eines von mindestens zwanzig verschiedenen Enzymen, das mit Hilfe von ATP eine aktivierte Aminosäure bildet und diese an den für *diese* Aminosäure spezifischen Adaptor, die tRNA, anheftet.

Aminosäure
Bausteine der Proteine. Es gibt zwanzig verschiedene natürliche Aminosäuren, die als L-Stereoisomere (Linksschrauben) vorliegen. Sie haben alle die gleiche Grundstruktur, unterscheiden sich aber in der eine spezifische Wirkgruppe tragenden Seitenkette.

anaerob
Siehe aerob.

Ångström
Maßeinheit, die zur Beschreibung atomarer Dimensionen verwandt wird. Ein Ångström ist gleich einem zehnmilliardstel Meter (10^{-10}m).

Antibiotikum
Niedermolekulare Substanz, die in geringer Konzentration das Wachstum von Mikroorganismen spezifisch hemmt oder diese abtötet.

Anticodon
Sequenz von drei Nucleotiden (Basen) in tRNA, die beim Translationsprozeß mit dem Codon (ebenfalls aus drei Basen bestehend) in Wechselwirkung tritt und damit für die korrekte Einordnung der Aminosäure in die wachsende Proteinkette sorgt.

Antigen
Körperfremde makromolekulare Substanz, die beim Eindringen in den Wirbeltierorganismus die Produktion von Antikörpern bewirkt, die den Eindringling binden und unschädlich machen.

Antikörper
Protein, das in Wirbeltieren als Abwehrstoff gegen körperfremde Substanzen (Antigene) gebildet wird und diese durch Komplexbil-

dung (und anschließenden Abbau durch Hilfssysteme) unschädlich macht.

Archaebakterien
Auch Metabakterien genannt. Spezielle Arten prokaryontischer Mikroorganismen. Archaebakterien sind im allgemeinen an extreme (möglicherweise »archaische«) Umweltbedingungen (wie an hohe Temperatur, hohe Salzkonzentration, hohen Schwefelgehalt) angepaßt oder besitzen ungewöhnliche Stoffwechselprodukte (z. B. Methan).

Asparaginsäure
Eine der zwanzig natürlichen Aminosäuren; Proteinbaustein.

Atmungsferment
Enzym (= Ferment) der Atmungskette.

Autokatalyse
Das Produkt der Reaktion ist selbst Katalysator der Reaktion.

Axiom
Selbstevidenter Grundsatz, der keines Beweises bedarf, und der sich auch nicht weiter zurückführen läßt.

Bakterien-Viren
Viren, die sich in Bakterien vermehren.

Basen
(Basische) Bestandteile der monomeren Bausteine der Nucleinsäuren. Dazu zählen: Adenin, Cytosin, Guanin und Thymin bzw. Uracil.

Basenpaarung
Spezifische Wechselwirkung zwischen Basen. Es treten jeweils zwei der vier Basen bevorzugt miteinander in Wechselwirkung, und zwar Adenin mit Thymin (bzw. Uracil) und Guanin mit Cytosin. Man bezeichnet die Basen eines Paares als zu einander komplementär.

binär
Aus zwei Einheiten bestehend.

Biosynthese
Der Aufbau von organischen Stoffen und Zellbestandteilen im lebenden Organismus unter der katalytischen Wirkung der entsprechenden Zellkomponenten oder in zellfreien Systemen unter Mitwirkung von isolierten Zellkomponenten.

bit
(binary digit); binäre Symbole z. B. 0 und 1, R und Y; Informationseinheit entsprechend einer »Ja-nein« Entscheidung.

Blau-Alge
Ein Cyanobakterium, zum Reich der Eubakterien gehörend.

Brownscher Diffusionsprozeß
Aus der Wärmebewegung der Moleküle und deren Stößen resultierendes zielloses Umherirren kleinster in einer Flüssigkeit suspendierter Teilchen; wurde von dem englischen Botaniker Robert Brown entdeckt und beschrieben. Benoit Mandelbrot verwendet den Ausdruck »Brownian« für ein durch einen Diffusionsprozeß erzeugtes Profil.

burst
Bersten einer von Viren infizierten Zelle. Ausstoß der Viruspartikel.

Chemostat
Eine Apparatur, in der Bakterien in kontinuierlicher Kultur heranwachsen.

Chiralität
»Händigkeit« oder Schraubendrehsinn (rechts- bzw. linksdrehend).

Chloroplasten
Die für die Photosynthese zuständigen, durch Chlorophyll grün gefärbten Plastiden der Algen und der Zellen höherer Pflanzen.

Chromosom
Einheit des Erbgutes. Fadenförmige Struktur, in der das Erbmaterial von Zellen niedergelegt ist.

Codon
Sequenz von drei benachbarten Nucleotiden, die für eine Aminosäure oder für »Start« und »Stopp« codieren.

Coli-Bakterium
Siehe Escherichia Coli.

Consensus-Sequenz
In einer Menge homologer Sequenzen die Sequenz, die resultiert, wenn man in jeder Position das am häufigsten erscheinende Symbol einsetzt.

Crossing-over
Der Auswechselvorgang von genetischem Material zwischen Chromosomen. Wesentlicher Prozeß der sexuellen Fortpflanzung.

Cyanobakterium
Mikroorganismus, der wie Bakterien einen prokaryontischen Zellaufbau besitzt, aber Photosynthese ausführt, bei der Sauerstoff frei wird, ähnlich wie in den Chloroplasten eukaryontischer Pflanzen.

Cyanwasserstoff
Blausäure, chemisch HCN.

Cytochrom c
Ein Enzym der Atmungskette.

Cytosin (C)
Eine Pyrimidinbase; Baustein einer monomeren Untereinheit der Nucleinsäure; eines der vier Informationssymbole.

Debris
Französischer wie auch englischer Ausdruck für Scherben oder Trümmer. Hier: Zelltrümmer, die bei der Lyse einer virusinfizierten Zelle entstehen.

Deletion
a) Auslassung von Bausteinen beim Kopierungsprozeß. b) Verlust eines Teils des genetischen Materials aus dem Chromosom. Die Größe des deletierten Materials kann ein einziges Nucleotid bis hin zu Abschnitten, die einige Gene enthalten, betragen.

Derepression
Aufhebung von Repression, das heißt, (Wieder-)Aktivierung von regulierbaren Genen durch Erhöhung der Transkriptionsrate.

Desoxyribose
Zuckerbestandteil der monomeren Bausteine von Desoxyribonucleinsäuren (DNA).

Dichotomie
Zweiteilung, Gliederung eines Gattungsbegriffs in zwei Arten. In der Logik Unterteilung einer Klasse in zwei sich entgegengesetzt verhaltende Unterklassen.

Diffusion
Transport aufgrund von Wärmebewegung. Passiver Transport von Molekülen und Atomen von Orten höherer Konzentration zu solchen niedrigerer Konzentration.

Divergenz
Im vorliegenden Zusammenhang: Auseinanderstreben von Sequenzen aufgrund der Akkumulation von Mutationen.

DNA
Desoxyribonucleinsäure (*d*eoxyribo *n*ucleic *a*cid); molekularer Träger der Erbinformation.

DNA-Doppelhelix
Zwei miteinander verdrillte DNA-Stränge.

DNA-Polymerase
Enzym, das den schrittweisen Aufbau (die Polymerisation) von DNA-Ketten katalysiert.

Donorstrang
DNA-Strang, aus dem ein Genabschnitt – zum Zwecke der Übertragung auf einen Akzeptorstrang – entfernt wird.

driften/Gendrift
a) Regellose Bewegung oder Veränderung;
b) Veränderung eines Gens aufgrund von neutralen Mutationen, die weder einen selektiven Vor- noch einen Nachteil bewirken.

dynamische Theorie
Physikalische Theorie, deren Gegenstand bewegte Objekte oder zeitlich sich verändernde Systeme sind.

Elektronen-Donor
Bei biologischen Redoxreaktionen wird im allgemeinen ein Elektron von einem Elektronen-Donor (Reduktionsmittel) auf einen Elektronen-Akzeptor (Oxydationsmittel) übertragen, so z. B. beim Elektronentransport durch die Cytochrome innerhalb der Atmungskette.

Enantiomere
Optische Isomere entgegengesetzter Chiralität (links- bzw. rechtsdrehend).

energiereiche Phosphatbindung
Siehe Adenosintriphosphat.

Entropie
Thermodynamische Zustandsgröße. Sie ist das zur Temperatur komplementäre Maß, das angibt, auf wie viele Detailzustände oder Freiheitsgrade sich im Mittel die in der Temperatur zum Ausdruck kommende (mittlere) kinetische Energie der Wärmebewegung bezieht. Das Produkt aus Temperatur und Entropie hat die Dimension der Energie. In analoger Weise benutzt man in der Informatik die (negative) Entropie als mittleres Maß der (aufzuwendenden) Infor-

mation. Sie gibt die Zahl der Ja-nein-Entscheidungen (bits) an, die man im Mittel benötigt, um eine Nachricht gegebener Länge zu identifizieren. Insoweit als Ordnung die Beschränkung auf einen oder wenige unter vielen möglichen Zuständen bedeutet, läßt sich Entropiezunahme als Ordnungsabnahme interpretieren.

Enzym
Biokatalysator. Proteinmolekül oder Proteinmolekülkomplex mit bevorzugte Affinität für das umzuwandelnde Substrat.

Escherichia Coli
Kurzbezeichnung: Coli-Bakterium. Einzige Art der Bakterien-Gattung. Es kommt normalerweise im Darm (Darmflora) von Warmblütern vor.

Eubakterien
Neue Bezeichnung für das Reich der Bakterien, in das die Mehrzahl der Prokaryonten (einschließlich der Streptomyceten, phototrophen Bakterien und Cyanobakterien) eingeordnet wird. Die übrigen Prokaryonten werden im Reich der Archaebakterien zusammengefaßt.

Eucyte
Der Zelltyp der Eukaryonten.

Eukaryonten
Organismen, die durch den Besitz eines membran-umschlossenen Zellkerns und eine reiche Kompartimentierung der Zelle charakterisiert sind. Alle mehrzelligen Organismen sind Eukaryonten. Darüber hinaus gibt es viele einzellige Eukaryonten.

Exon
Codierender Sequenzabschnitt eines eukaryontischen Gens, der im mRNA-Molekül als Transkript erscheint und exprimiert wird. Exonen werden unterbrochen von Intronen, eingelagerten nicht-codierenden Sequenzabschnitten.

Exponentialgesetz
Ein Gesetz, das besagt, daß eine Menge in gleichen Zeitabschnitten sich um den gleichen Faktor vergrößert oder verkleinert, z. B. wenn sich jeweils innerhalb von n Jahren eine Bevölkerung verdoppelt.

exprimieren
Zum Ausdruck bringen; der exprimierte Genotyp ist der Phänotyp.

Fehlerschwelle
Kritische Größe der Mutationsrate, oberhalb deren Fehler akkumu-

lieren und bald zum vollständigen Verlust der Information führen (Fehlerkatastrophe). Stabile Selektion erfordert eine Mutationsrate unterhalb der Fehlerschwelle.

F-Pili
Fadenförmige Strukturen an der Oberfläche von Coli-Bakterien; bei der Konjugation wirken die mit F-Pili ausgerüsteten Bakterien als Donorzellen.

»fittest«
Am besten angepaßt.

Fluktuation
Schwankung, die unvorhersagbar eintritt.

fraktal
Selbstähnlich. Strukturen, deren Ausschnitte bei sukzessiver Maßstabsvergrößerung immer wieder eine ähnliche Form annehmen, ohne in eine Grenzform zu konvergieren, nennt man fraktal.

freier Sauerstoff, freier Wasserstoff
Sauerstoff (O_2) bzw. Wasserstoff (H_2) in molekularer Form, die nicht eine chemische Verbindung mit anderen Elementen eingegangen sind.

Gärung
Sammelbezeichnung für Formen des anaeroben energieliefernden Stoffwechsels, deren Endprodukt ATP, der Kraftstoff der Zelle, ist.

Gen
Einheit im DNA-Doppelstrang des Chromosoms, die die Information (Bauanleitung) für ein Proteinmolekül enthält.

Gendarm
Mehr oder weniger große, blockartige, im allgemeinen sehr steile Erhebungen auf einem Felsgrat.

Genetik
Lehre von der Ausbildung erblicher Merkmale und deren Übertragung in sukzessiven Generationen.

genetischer Code
Die Zuordnung von Triplets von Nucleotiden zu den in Proteinen vorkommenden Aminosäuren (siehe Tafel 8).

genetische Rekombination
Austausch von Genen oder Genabschnitten zwischen männlichem

und weiblichem Erbsatz. Die genetische Rekombination ist die Grundlage der sexuellen Vererbung.

Genom
Gesamtheit aller Gene einer Zelle.

Glasfiberoptik
Eine Lichtleiteranordnung, die Licht vermittels Glasfibern über größere Strecken gebündelt transportiert.

Glycin
Eine der zwanzig natürlichen Aminosäuren; Proteinbaustein.

Glykoprotein
Ein Polypeptid, das mit Zuckerresten verknüpft ist.

Guanin (G)
Purinbase; Baustein einer monomeren Untereinheit der Nucleinsäure, eines der vier genetischen Informationssymbole.

Hämoglobin
Proteinkomplex, der für die rote Farbe des Blutes verantwortlich ist und der die Aufgabe hat, Sauerstoff zu binden und zu den Stoffwechselfabriken der Zellen im gesamten Organismus zu transportieren.

Händigkeit
Siehe Chiralität.

Hauptsätze der Thermodynamik
Axiome. Der erste Hauptsatz ist das Prinzip von der Erhaltung der Energie. Der zweite Hauptsatz ist der Entropiesatz. Spontane Prozesse in einem abgeschlossenen System sind immer mit einer Entropiezunahme verbunden. Das bedeutet auch, daß Wärme nicht restlos in zur Arbeitsleistung befähigte Energie überführt werden kann.

Hepatitis A
Eine durch ein einsträngiges RNA-Virus hervorgerufene entzündliche Erkrankung der Leber, mit einer Inkubationszeit von 5–60 Tagen.

HIV-Virus
HIV = *H*uman *I*mmune-deficiency *V*irus. Einsträngiges RNA-Retrovirus, das beim Menschen die Immunschwäche AIDS auslöst.

Homopolymer
Makromolekül, das sich aus nur einer Art von monomeren Einheiten zusammensetzt.

Hüllprotein
Protein, aus dem die Hülle eines Virus aufgebaut ist.

Hybrid
Neue vollständige Spezies, die aus einer Verschmelzung der Bruchstücke zweier verschiedener Spezies resultiert. In der Molekularbiologie ein durch Plus-Minus-Strang-Erkennung gebildeter doppelsträngiger Sequenzabschnitt aus DNA und RNA.

Hydrolyse
Spaltung einer chemischen Verbindung unter Umsetzung eines Wassermoleküls (pro gespaltener Bindung).

hyperbolisches Wachstum
Wachstum, bei dem eine Menge in immer kürzer werdenden Zeitabschnitten um denselben Faktor zunimmt. (So verdoppelt sich z. B. die Bevölkerung der Erde in immer kürzeren Zeitabständen.)

Hyperkubus
Multidimensionaler Punktraum, der einem Kubus (siehe Tafel 12) analog ist. Alle Punkte des Hyperkubus befinden sich auf der Oberfläche.

Hyperzyklus
Zyklische Verknüpfung von Reaktionszyklen (siehe Tafel 14).

Immunoglobulin
Globuläre Proteine, Antikörper, die spezifisch mit einem Antigen reagieren.

Immunsystem
Sehr kompliziertes körpereigenes Schutzsystem des Menschen und der höheren Wirbeltiere, das aufgrund antigener Reize Antikörper produziert.

Influenza-Virus
Einsträngiges RNA-Virus, Erreger der Grippe beim Menschen.

Informatik
Lehre von der Speicherung, Übertragung und Verarbeitung von Information.

Information
Es ist die absolute Information von der semantischen zu unterscheiden. Absolute Information ist wahrscheinlichkeitstheoretisch definiert. Es ist die Zahl der »bits«, die man im Mittel – bei gegebener Wahrscheinlichkeitsverteilung der Symbole – zur Identifizierung

einer Nachricht benötigt. Semantik ist an den Sinn der Information geknüpft und entzieht sich einer mathematischen Definition. In der genetischen Information treten uns beide Aspekte entgegen.

Informationsabstand
(= Mutationsabstand oder Hamming-Abstand). Die Zahl der Positionen, die in zwei miteinander verwandten Symbolsequenzen verschieden besetzt sind.

Inkubieren/Inkubation
Bebrüten von Bakterienkulturen (oder Viren). In der Molekularbiologie auch Auslösung des Wachstums durch Zugabe einer Substanz (Enzym, Matrize) oder durch Temperaturerhöhung.

Insertion
Eine Mutation, bei der eine oder mehrere neue Nucleotide in eine Nucleotidkette eingebaut werden.

Intron
Intervenierende Sequenz im Mosaikgen, das keine genetische Information trägt (siehe Exon) und dessen funktionelle Bedeutung unbekannt ist.

invertiertes Genfragment
Ein Genfragment, das mit umgekehrter Leserichtung in das Chromosom eingebaut wurde.

Iteration
Wiederholung.

Katalyse
Reaktionsvermittlung bzw. -beschleunigung. Der Reaktionsvermittler, ein Molekül, ein Bezirk auf einer Metalloberfläche oder ein Molekülkomplex heißt Katalysator.

Kinetik/chemische
Lehre von den Gesetzmäßigkeiten der zeitlichen Veränderungen eines chemischen Reaktionssystems.

Klon/klonieren
Genetisch einheitliche Nachkommenzellen, die durch asexuelle Vermehrung aus EINER Zelle (z. B. gentechnologisch) hervorgegangen sind. Herstellung genetisch identischer Zellen.

kolinear
Getreue Wiedergabe des linearen Rasters einer Matrize. Die Amino-

säuresequenz eines Proteins ist kolinear mit der Abfolge der Codonen in der mRNA.

Komplementarität
a) Ein System läßt sich durch mehrere Aspekte charakterisieren, die sich im Gesamtbild gegenseitig ergänzen.
b) Bei den Nucleinsäurebausteinen die Eigenschaft, spezifische Paarwechselwirkungen (A = T bzw. A = U und G ≡ C) einzugehen.

Kondensation
a) Chemische Reaktion, bei der sich zwei Moleküle unter Austritt eines chemisch einfachen Stoffes (z. B. Wasser) zu einem größeren Molekül vereinigen.
b) Verdichtung, Zusammendrängung auf kleineren Raum; die Verflüssigung von Gasen und Dämpfen durch Druck oder Abkühlung.

Konjugation
In der Bakteriengenetik die zeitweise Verbindung von Bakterienzellen, in deren Verlauf DNA von einer Donor-Zelle auf eine Rezeptor-Zelle übertragen wird.

Laser
Englische Abkürzung für *l*ight *a*mplification by *s*timulated *e*mission of *r*adiation. Lichtverstärker. Im Laserlicht konkurrieren die einzelnen Wellenzüge miteinander und verstärken sich durch Stimulierung phasengleicher Emissionen, wobei – wie bei der Selektion – eine Lasermode den Sieg davonträgt, so daß das gesamte Laserlicht phasengleich ist. Darauf basieren die Möglichkeiten, sehr hohe Lichtstärken und extreme Bündelung zu erreichen.

Laserfluorimeter
Fluoreszenzmeßgerät, dessen Primärlichtquelle ein Laser ist.

Lasermode
Wellenzug gegebener Phase im Laserlicht.

Lipide
Sammelbezeichnung für die chemisch sehr heterogene Klasse der weitgehend wasserunlöslichen organischen Verbindungen.

Lysis
Das Aufbrechen einer Zelle durch Zerstörung ihrer Zellmembran.

Massenwirkungsgesetz
Thermodynamische Beziehung, die die Mengenverhältnisse der Re-

aktionspartner im chemischen Gleichgewicht in Abhängigkeit von äußeren Parametern (wie Temperatur und Druck) festlegt.

Mastersequenz
Die aus einer Ausrichtung von verschiedenen analogen Sequenzen resultierende Sequenz. Sie ist in jeder Position mit dem am häufigsten auftretenden Baustein besetzt (Consensus-Sequenz).

Matrize
DNA- und RNA-Moleküle, durch deren Informationsgehalt in Form der Nucleotidsequenz die Synthese identischer oder komplementärer Makromoleküle bestimmt wird.

Maul- und Klauenseuche
Hochinfektiöse Erkrankung der Klauentiere (Rinder, Ziegen, Schweine und Schafe), ausgelöst durch ein einsträngiges RNA-Virus (Picorna-Virus).

Membranproteine
Proteine, die Bestandteile biologischer Membranen sind und den verschiedenen zellulären Membranen ihre Spezifität verleihen.

messenger-RNA (mRNA)
RNA, die als Matrize für die Proteinsynthese dient.

Metabolismus
Stoffwechsel (= Umsatz energiereicher Stoffe). Umschlag von freier – d. h. zu Arbeitsleistung befähigter – Energie.

Mitochondrien
Organellen, die im Cytoplasma aller aeroben eukaryontischen Zellen zu finden sind. Sie sind das Zentrum der ATP-Produktion durch oxydative Phosphorylierung.

Monomer
Molekulare Untereinheit eines Polymeren. Grundeinheit, aus der durch Wiederholung einer ganz bestimmten Reaktion Polymere aufgebaut werden.

Morphogenese
Die Ausformung eines Lebewesens bzw. seiner Organe während der Ontogenese.

Mutagenität
Die Fähigkeit zu mutieren.

Mutation
Vererbbare Veränderung eines Chromosoms.

natürliche Aminosäure
Die von der Natur verwendeten Bausteine der Proteine.

neodarwinisch/Neodarwinismus
Evolutionstheorie, die durch die Gesetze der Genetik und der Populationsbiologie in der ersten Hälfte dieses Jahrhunderts erweitert wurde.

neutrale Mutante
Eine Mutante, die in bezug auf den Wildtyp (die bestangepaßte Sequenz) keinen Vor- oder Nachteil beinhaltet.

Nischenbildung
Die biologische Nische ist eine Lebensbedingung, in der sich eine normalerweise unterlegene Art ohne Konkurrenzdruck entfalten kann. Im weiteren Sinne beinhaltet die Nische immer eine stabilisierende Wechselwirkung mit der Umwelt oder mit anderen Arten. Unabhängige Nahrungsquellen können z. B. Aufhebung des Konkurrenzdruckes bedeuten.

Nucleinsäure
(Kernsäure). Die Desoxyribonucleinsäure (DNA) und die Ribonucleinsäure (RNA).

Nucleobase
Nucleinsäurebasen: Adenin, Cytosin, Guanin, Uracil (in RNA) bzw. Thymin (in DNA).

Nucleosidtriphosphat
Das 2'-Desoxyribonucleosid-5'-triphosphat und das Ribonucleosid-5'-triphosphat.

Nucleotid
Die aus einem stickstoffhaltigen Heterocyclus (Nucleobase), einem Zucker (Ribose) und einem Phosphatrest aufgebaute Verbindung (siehe Tafel 4).

Nucleotidsequenz
Die schriftartige Reihenfolge der Nucleotide in DNA und RNA.

Operon
Einheit von gemeinsam regulierten Genen. Es umfaßt meist mehrere Strukturgene.

oxydierend/biologische Oxydation
a) Mit Sauerstoff verbindend bzw. Elektronen entziehend.

b) Energiegewinnung durch stufenweise Oxydation energiereicher organischer Stoffe.

Ozon
(O_3); dreiatomige Form des Sauerstoffs, Spurenbestandteil der Luft.

Ozonschicht
Eine Schicht in der Stratosphäre (12–50 km Höhe), die 85–90% Ozon enthält. Sie gewährleistet den Schutz der auf der Erde existierenden Lebewesen vor der letalen UV-Strahlung der Sonne. Die Ozonschicht war eine erste Voraussetzung für die Entstehung von höherem Leben auf unserem Planeten.

Palindrom
Buchstabenfolge, die vor- und rückwärts gelesen den gleichen Sinn ergibt.

Peptid
Durch Verknüpfung von zwei oder mehreren Aminosäuren, unter Abspaltung von jeweils einem Wassermolekül pro Bindung, linear aufgebautes Kettenmolekül (siehe Tafel 6).

Phage
Auch Bakteriophage; Virus, das ein Bakterium als Wirtszelle benutzt.

Phagocitierung/Phagocytose
Aufnahme von partikulärem Material in die Zelle im Gegensatz zu Aufnahme gelösten Materials.

Photosynthese
Synthese energiereicher organischer Verbindungen aus energiearmen anorganischen Molekülen mit Hilfe der in elektrochemisches Potential transformierten Strahlungsenergie des Sonnenlichts. Ausgangssubstanzen der Photosynthese bei grünen Pflanzen sind CO_2 und H_2O, aus denen unter Abgabe von O_2 Glucose (bzw. polymere Glucose = Stärke) aufgebaut wird.

Phylogenie
Die stammesgeschichtliche Entwicklung der Lebewesen (Organismen) entweder in ihrer Gesamtheit oder bezogen auf bestimmte Verwandtschaftsgruppen.

Plasmid
Selbständige Einheit von Erbmaterial, die in Symbiose mit einer Zelle existiert und mit dem Zellkern zusammen vervielfältigt werden kann.

Poisson-Verteilung
Grenzfall der Binomial-Verteilung, bei der die Wahrscheinlichkeit eines bestimmten Ereignisses sehr klein, die Anzahl der unabhängigen Wiederholungen aber sehr groß ist. Fragen wir nach der Wahrscheinlichkeit für das Auftreten einer k-Fehler-Mutante bei gegebenem Fehlererwartungswert, so sagt uns die Poisson-Verteilung, wie oft eine Mutante im Mittel aufgrund der a priori-Wahrscheinlichkeit von Fehlern erscheint.

Poliomyelitis
Infektionskrankheit des Zentralnervensystems (meist des Rückenmarks), hervorgerufen durch Polioviren, einsträngige RNA-Viren aus der Klasse der Picorna-Viren.

polycistronisch
heißt eine mRNA-Sequenz, die kovalent verbundene Transkripte von mehreren Genen enthält. Allgemein werden die in Form von Operonen gemeinsam regulierten Gene als polycistronische mRNA, aber auch als polycistronisch aufgebaute tRNA- bzw. rRNA-Präkursoren transkribiert.

Polymerase
Gruppe von Enzymen, die die Synthese von Polynucleotiden aus energiereichen Nucleosidtriphosphaten als monomere Vorstufen katalysieren.

Polyoma-Viren
Kleine DNA-Viren, die in ihren natürlichen Wirten (Mensch, Affe u. a.) meist unauffällige und latente Infektionen verursachen und nicht onkogen sind. Wegen ihrer zelltransformierenden Eigenchaft bei Injektion in geeignete Versuchstiere und der geringen Genomgröße sind sie wichtige Untersuchungsobjekte in der Biologie.

Populationsbiologie
Teilgebiet der Ökologie, das sich mit den Umwelteinflüssen auf ganze Populationen einer bestimmten Tier- oder Pflanzenart befaßt. Es gibt einen mathematisch orientierten Zweig, der anhand von Modellen die Ausbreitung von Genen in Mendelschen Populationen sowie Fragen des Wachstums und der Anpassung untersucht.

Populationszahl
Individuenzahl einer Population, zumeist ohne Bezug auf die Raumgröße; gelegentlich auch Individuenzahl pro Volumen (Populationsdichte).

Porphyrinkomplex
Eine durch Einlagerung von Metallionen in ein Porphin-Grundgerüst entstehende Komplexverbindung, die Bestandteil einer Reihe von Enzymen ist. Hierzu zählen die Cytochrome und das Hämoglobin, bei denen als Metallion Eisen Verwendung findet.

präzipitieren/Präzipitat
Ausfällen/Niederschlag, Bodensatz.

Primärstruktur
Die lineare Abfolge kovalent verknüpfter Monomerbausteine in den Nucleinsäuren und Proteinen (Nucleotid- bzw. Aminosäure-Sequenz).

Prokaryonten
Einzeller, deren Hauptmerkmal das Fehlen eines echten von einer Membran umschlossenen Zellkerns ist. Die Zellen sind wenig kompartimentiert; membranumschlossene Organellen sind nicht vorhanden.

Proteine
Eiweißstoffe, die wichtigsten funktionellen Makromoleküle der lebenden Zelle. Ihre Grundstruktur ist die Polypeptidkette, die zwischen hundert und einigen hundert Aminosäurebausteine enthält. Diese Kette faltet sich in charakteristischer Weise, wodurch verschiedene Wirkgruppen eng zusammengeführt werden und ein aktives (katalytisches) Zentrum ausbilden können (siehe Tafel 6).

Provirus
Das Stadium eines Virus, in dem dieses in das Chromosom der Wirtszelle integriert vorliegt und auf diese Weise in der Wirtszelle von Generation zu Generation weitergereicht werden kann.

Prozyte
Bezeichnung für den Organisationstyp der prokaryontischen Zelle.

Punktmutation
Die auf dem Austausch eines einzigen Basenpaares in der DNA beruhende Mutation. Sie bedeutet eine punktartige Veränderung der Sequenz, im Gegensatz zur Insertion und Deletion, die eine Verschiebung des Ableserasters bewirken.

Purin
Basenklasse der Nucleinsäuren; Adenin und Guanin.

Pyrimidin
Basenklasse der Nucleinsäuren; Cytosin und Thymin bzw. Uracil.

Quantenmechanik
Von Werner Heisenberg, Max Born, Pascual Jordan, Paul A. M. Dirac u. a. entwickelte mechanische Theorie kleinster Teilchen, die den Erfordernissen der Quantentheorie in widerspruchsfreier Weise gerecht wird. Der komplementäre Aspekt dieser Theorie, der Louis de Broglies Wellenbild materieller Partikel zur Grundlage hat, wurde von Erwin Schrödinger ausgearbeitet (Wellenmechanik).

quarternäre Sequenz
Auf vier Symbolklassen gründende Sequenz.

Quasispezies
Zielscheibe der Selektion in einem System von replizierenden, nicht miteinander kooperierenden Individuen (RNA-Molekülen, Viren, Bakterien). Die Quasispezies stellt eine durch Selektionswerte gewichtete Verteilung von Mutanten dar, die auf eine oder mehrere Mastersequenzen zentriert ist. Sie ersetzt den Wildtyp, den man in der klassischen Interpretation als Zielscheibe der Selektion ansah.

Q_β-Virus
Ein einsträngiger RNA-Phage, dessen Wirt die E. Coli-Zelle ist (siehe Tafel 13).

racemisch
Ein System ist racemisch, wenn es aus einem Gemisch gleicher Anteile von links- und rechtsdrehenden Verbindungen (optischen Antipoden) besteht.

Ratenansatz
Die Abhängigkeit der zeitlichen Änderung einer Menge von der Menge selbst.

Redundanz
Begriff der Informationstheorie. Bezeichnet das Wiederkehren schon übermittelter Information.

Rekombination
a) Allgemein: Vereinigung zweier Reaktionspartner.
b) Genetische Rekombination: Vereinigung von Genmaterial beider Elternteile unter Ausbildung eines vollständigen neuen Genoms.

Reo-Viren
Familie von Tier- und Pflanzenviren, die ein in 10–12 Teile segmentiertes doppelsträngiges RNA-Genom besitzen.

Replikasen
Die an der Replikation beteiligten DNA- und RNA-Polymerasen.

Replikation
Identische Verdopplung eines Nucleinsäuremoleküls (mit Hilfe eines Enzyms).

Replikatoren
Individuen (DNA-Moleküle, Viren...), die selbstreproduktiv sind. Sie entstehen durch Mutation bereits vorhandener Replikatoren und vermehren sich ausschließlich durch Selbstreproduktion.

Repressor
Proteinmolekül, das durch Anlagerung an den entsprechenden Operator die Genablesung blockiert.

Restriktionsenzym
Enzym (Endonuclease), das DNA-Stränge gezielt aufschneidet (siehe Tafel 15).

Retro-Viren
Bei Wirbeltieren und beim Menschen verbreitete Familie von RNA-Viren, bei deren Vermehrung die einzelsträngige RNA des Virus-Genoms in eine doppelsträngige DNA (Provirus) umgeschrieben wird. Dieser, dem gewöhnlichen genetischen Informationsfluß DNA → RNA gegenläufige Prozeß wird durch eine virus-spezifische RNA-abhängige DNA-Polymerase (reverse Transcriptase) katalysiert.

reverse Transcriptase
RNA-abhängige DNA-Polymerase, die die Synthese von DNA-Ketten mit RNA als Matrize katalysiert; Umkehr der Transkription.

Revertante
Eine mit dem Wildtyp identische Mutante, die durch Mutation aus einer dem Wildtyp sehr nahe verwandten Sequenz entstanden ist (Rückmutation).

Rhabdo-Viren
Umfangreiche Familie von RNA-Viren mit stäbchenförmiger Morphologie. Der Erreger der Tollwut zählt dazu.

Ribose
In (u. a.) Ribonucleinsäuren gebunden vorkommender Einfach-Zucker (Pentose).

Ribosom
Ribonucleoprotein-Partikel der Zelle, an denen die Translation der genetischen Information stattfindet.

RNA
Ribonucleinsäure: Nucleinsäure, die sich im Zucker sowie in der Verwendung der Base U anstelle von T von der DNA unterscheidet und zumeist einsträngig – in sich gefaltet – auftritt. Sie fungiert in der Natur als Informationsüberträger und hat funktionelle und strukturelle Aufgaben in der Biosynthese.

RNA-Phage
Ein Phage oder Bakteriophage ist ein Virus, das eine Bakterienzelle als Wirt benutzt (siehe Tafel 13).

RNA-polymerisierendes Enzym
RNA-Polymerase (siehe Polymerase).

RNA-Virus
Virus, dessen Genom aus einem oder mehreren RNA-Molekülen besteht (siehe Tafel 13).

Röntgenbeugungsmethode
Die Ermittlung von (Kristall-)Strukturen mit Hilfe der Beugung von Röntgenstrahlen am Kristallgitter. Die Methode dient in der Biologie zur Analyse der hochkomplizierten räumlichen Konformation von Proteinen und Nucleinsäuren. Die heutige Kenntnis der Sekundär- und Tertiärstruktur vieler biologisch bedeutsamer Makromoleküle beruht weitgehend auf dieser Methode.

Rückkopplung
Beeinflussung eines Prozesses durch Rückwirkung der Folgen auf die Voraussetzungen bzw. den Ablauf des Prozesses. Autokatalyse ist ein typisches Beispiel hierfür. Allgemein ist die Rückkopplung von großer Bedeutung für Steuer- und Regelvorgänge.

Schwellenwert
Kritischer, scharf begrenzter Wert, bei dessen Über- oder Unterschreiten sich das Verhalten eines Systems von Grund auf verändern kann.

Selektion
(Natürliche) Auslese; ein von der Merkmalausprägung (Phänotyp) der Individuen abhängiger Vorgang, der sich in einer Fixierung des Genotyps auswirkt.

Selektionsdruck
Bezeichnung für Umweltbedingungen, die einen Einfluß auf die Anpassung ausüben bzw. eine solche erzwingen.

Sequenzhomologie
Sequenzhomologie liegt dann vor, wenn die Sequenzen in einander entsprechenden Positionen mit identischen Bausteinen (Symbolen) besetzt sind.

Sequenzraum
Hoch-dimensionaler Hyperkubus zur Repräsentation aller möglicher Varianten einer Sequenz (siehe Tafel 12).

serielle Übertragung
Systematische Wiederholung der Übertragung einer Substanz von einer Probe auf die nächste.

sexuelle Rekombination
Grundlage der geschlechtlichen Fortpflanzung. Die Kernverschmelzung (Befruchtung) ist eine Folge der Rekombination. Sie ist durch Neukombination von Genen gekennzeichnet.

Spleißen
Herausschneiden von Intron-codierten RNA-Sequenzabschnitten und die gleichzeitig kovalente Verknüpfung der Exon-codierten RNA-Sequenzabschnitte. Eine solche Prozessierung von Primärtranskripten mosaikartig aufgebauter Gene ist typisch für eukaryontische Zellen.

Sporulation
Bildung von Sporen.

stationär
Bezeichnet einen Zustand, dessen beobachtbare Eigenschaften sich mit fortschreitender Zeit nicht verändern.

statistische Geometrie
Methode der Verwandtschaftsanalyse von DNA-, RNA- oder Proteinsequenzen, die auf eine geometrische Repräsentation der Abstandsverhältnisse im Sequenzraum hinausläuft (siehe Tafeln 1, 2, und 12).

statistische Signifikanz
(= statistische Bedeutsamkeit). Ein statistisch signifikantes Ergebnis läßt eine Regelmäßigkeit erkennen, die sich deutlich vom Rauschhintergrund abhebt.

stereospezifisch
Spezifisch bezogen auf die räumliche Anordnung der Komponenten einer chemischen Verbindung.

Stereospezifität
Eigenschaft von Enzymen von zwei oder mehreren möglichen stereoisomeren Verbindungen, spezifisch nur *eine* im aktiven Zentrum zu binden und umzusetzen.

stochastisch
Das zufallsabhängige und deshalb nur statistisch zu erfassende Verhalten der individuellen Träger eines dynamischen (d. h. zeitabhängigen) Prozesses.

Survival
Englisch: das Überleben.

Symmetriebruch
Symmetrie ist die geordnete Wiederholung gleicher Strukturelemente. Eine Veränderung der physikalischen Randbedingungen kann die Voraussetzungen für die Erfüllung einer Symmetrie aufheben. Phasenumwandlungen sind beispielsweise durch einen Symmetriebruch gekennzeichnet.

Synapse
Kontaktstelle zwischen Nervenfasern und Nervenzellen zur Vermittlung der internen Kommunikation.

Tabakmosaikvirus
Pflanzenvirus mit einsträngigem RNA-Genom.

Tautologie
Wiedergabe des gleichen Sachverhaltes in einer Wortgruppe mit synonymen Wörtern.

Teleologie
Lehre vom Endzweck und der Zweckmäßigkeit.

Teleonomie
Ein von Monod auf die Biologie übertragener Ausdruck: Strukturen, Leistungen und Tätigkeiten, die zum Erfolg eines (biologischen) Projekts beitragen, werden »teleonomisch« genannt.

Tempern
Wärmebehandlung von Metallen, Glas oder Kunststoffen. Das Tempern besteht in einem allmählichen Steigern und langsamen Absenken der Temperatur in der Nähe des Umwandlungspunktes. Dadurch lassen sich innere Spannungen abbauen und Inhomogenitäten beseitigen.

Thermodynamik
Lehre von den durch Zufuhr und Abfuhr von Wärme (Energie) verursachten Zustandsänderungen (Prozessen) sowie von Systemgleichgewichten innerhalb definierter Stoffmengen. Mit System wird die Gesamtheit der beteiligten Stoffe bezeichnet.

Thymin (T)
Pyrimidinbase, Baustein einer monomeren Untereinheit der Desoxyribosenucleinsäure. Eines der vier Informationssymbole (synonym mit U, das nur in RNA Verwendung findet).

Tollwut
Eine durch ein Rhabdo-Virus hervorgerufene Infektionskrankheit, die hauptsächlich Füchse, Ratten und Haustiere befällt und die, durch Biß übertragen, auch für den Menschen höchst gefährlich wird.

Topographie
Exakte und detaillierte graphische Repräsentation der physikalischen Eigenschaften (z. B. Höhenwerte) der geometrischen Orte einer Region.

Topologie
Lehre von denjenigen Eigenschaften ebener, räumlicher oder höherdimensionaler Punktmengen, die bei Abbildungen erhalten bleiben.

T-Phagen
Zusammenfassende Bezeichnung für insgesamt sieben virulente Coli-Phagen, die durch ihre Verwendung als Modellsystem zur Analyse der Vermehrung und Genetik von Viren große Bedeutung für die Molekularbiologie erhalten haben.

Transfernucleinsäure
Relativ niedermolekulare Ribonucleinsäure (circa 70 bis 90 Nucleotide), die eine bestimmte Aminosäure bindet und diese vermittels ihres Anticodons in die ihr durch die genetische Nachricht zugewiesene Position bringt.

Transformation
Genetische Modifikation, die dadurch entsteht, daß der betreffenden Zelle DNA einer anderen Zelle bzw. eines Virus einverleibt und in nachfolgenden Reproduktionszyklen wie zelleigene DNA behandelt wird.

Transkription
Umschreibung der genetischen Nachricht aus der DNA in die mRNA (Boten- oder messenger-RNA).

Translation
Übersetzung der genetischen Nachricht aus der Boten-RNA (mRNA) in die Aminosäuresequenz der Proteine.

Transposition
Die Versetzung von DNA-Bereichen innerhalb des Genoms einer Spezies. Diese DNA-Bereiche verändern relativ häufig ihre Position und nehmen daher keine fixierte Position auf dem jeweiligen Genom ein.

Triphosphat
Abkürzung für 2'-Desoxyribonucleosid-5'-triphosphat oder für Ribonucleosid-5'-triphosphat (siehe Tafel 3).

tRNA-Molekül
Abkürzung für Transfernucleinsäure-Molekül.

Turbidostat
Flußreaktor zur Kultivierung von Mikroorganismen. Es wird fortlaufend frische Nährlösung zugegeben, und im gleichen Maße werden die Mikroorganismen mit der verbrauchten Nährlösung abgezogen, so daß sich ein Fließgleichgewicht mit konstanter Population von Mikroorganismen (konstanter Trübung) einstellt (siehe Tafel 11).

Überlappende Gene
Der gleiche Sequenzabschnitt in einem Virusgenom wird entweder in gleichem oder verschiedenem Leseraster zur Codierung von Teilstücken zweier verschiedener Proteine benutzt. Derartige überlappende Genabschnitte wurden bei Bakterien-Viren beobachtet (MS_2, Q_β, Φ_x), die damit den durch die Fehlerschwellenbedingungen stark eingeschränkten Informationsgehalt ihres Genoms ökonomisch nutzen.

Uracil (U)
Pyrimidinbase, Baustein einer monomeren Untereinheit der Ribonucleinsäuren. Eines der vier Informationssymbole (synonym mit T, das in Desoxyribonucleinsäuren verwendet wird).

Ur-Synthese
Die Synthese wichtiger Bausteine (z. B. Aminosäuren, Nucleotide) von Biomolekülen unter Bedingungen, die denen der frühen (präbiotischen) Erde entsprechen. Ein derartiges Ur-Synthese-Experiment wurde zuerst von Harold Urey und Stanley Miller ausgeführt.

Valin
Eine der zwanzig natürlichen Aminosäuren; Proteinbaustein.

vegetative Vermehrung
a) Asexuelle Fortpflanzung durch Zellverdoppelung.
b) Künstlich herbeigeführte, wirtschaftlich wichtige Vermehrung von Kulturpflanzen, u. a. durch Veredelung, Stecklinge und Ableger.

Vesikuläre Stomatitis
Eine durch ein Rhabdo-Virus bei Rindern hervorgerufene Infektionskrankheit.

Virion
Die komplette infektiöse Viruspartikel.

Virus
Infektiöse Partikel, die zu ihrer Vermehrung die Enzymmaschinerie einer Wirtszelle benötigt, die jedoch ein eigenes genetisches Programm in Form eines DNA- oder RNA-Moleküls mitbringt und in der Lage ist, in die Wirtszelle einzudringen (siehe Tafel 13).

Wasserstoffbrücke
Relativ schwache chemische Wechselwirkung zwischen einem elektronegativen Atom (wie Sauerstoff oder Stickstoff) und einem elektropositiven Wasserstoffatom, das mit einem zweiten elektronegativen Atom chemisch verknüpft ist.

Wertfunktion
Der Selektionswert als Funktion seiner physikalischen Parameter und Variablen.

Werthügel
Hügel in der Wertlandschaft; lokal maximaler Selektionswert.

Wertlandschaft
Verteilung der Selektionswerte im Sequenzraum. Jeder Sequenz, das bedeutet, jedem Punkt im Sequenzraum ist ein Selektionswert zugeordnet, ähnlich wie jedem geometrischen Ort auf der Erdoberfläche ein Höhenwert zugeordnet ist.

Werttopographie
Siehe Topographie, angewandt auf die Wertlandschaft.

Wildtyp
Genotyp (und damit auch Phänotyp) einer unter natürlichen Um-

weltbedingungen lebenden und die Mehrheit ihrer Individuen kennzeichnenden Art.

Zelldifferenzierung
Der Prozeß, mit dem die Nachkommen von Elternzellen im vielzelligen Organismus eine Spezialisierung von Struktur und Funktion erlangen und aufrechterhalten.

Zellstat
Ein Flußreaktor für die Aufzucht und Anpassung von Viren, der mit einer konstanten Population von Wirtszellen (aus einem Turbidostat) versorgt wird.

Zellinie
Die Reihe von Zellen, die in direkter genetischer Nachfolge einer bestimmten Zelle stehen, das heißt, die aus dieser durch unmittelbare Teilung hervorgegangen sind.

Zitronensäurezyklus
Nach seinem Entdecker auch Krebs-Zyklus genannt. Enzymatisch gesteuerter Reaktionszyklus, in dem Kohlenhydrate oxydativ zu Kohlendioxyd abgebaut werden. Die Bruttoreaktion besteht in der Umsetzung von Brenztraubensäure und drei Wassermolekülen zu drei Kohlendioxydmolekülen und zehn Wasserstoffatomen, die ihrerseits enzymatisch weiter reagieren und schließlich mit Sauerstoff zu Wasser verbrannt werden. Zitronensäure ist dabei eines der wichtigsten Zwischenprodukte des oxydativen Stoffwechsels. Dieser Reaktionszyklus ist der bedeutendste Energielieferant der aeroben Zellen.

Zonenschmelzen
Methode zur Erzeugung reiner, Gitterfehler-freier Kristalle. Dabei wird eine im Kristall fortschreitende Zone (durch Temperaturkontrolle) auf den Schmelzpunkt erhitzt, ohne daß dieser wesentlich überschritten wird, und anschließend langsam unter den Schmelzpunkt abgekühlt.

Zytoplasma
Der gesamte, den Zellkern umgebende Bereich einer Zelle, der durch die Zellmembran von der Umwelt abgegrenzt ist, also der gesamte Zellinhalt ohne den Zellkern. (Im engeren Sinne: nur das Protoplasma ohne Zellorganellen und Skeleton.)

Register